W0269855

Teubner Studienskripten (TSS)

Mit der preiswerten Reihe **Teubner Studienskripten** werden dem Studenten ausgereifte Vorlesungsskripten zur Unterstützung des Studiums zur Verfügung gestellt. Die sorgfältigen Darstellungen, in Vorlesungen erprobt und bewährt, dienen der Einführung in das jeweilige Fachgebiet. Sie fassen das für das Fachstudium notwendige Präsenzwissen zusammen und ermöglichen es dem Studenten, die in den Vorlesungen erworbenen Kenntnisse zu festigen, zu vertiefen und weiterführende Literatur heranzuziehen. Für das fortschreitende Studium können **Teubner Studienskripten** als Repetitorien eingesetzt werden. Die auch zum Selbststudium geeigneten Veröffentlichungen dieser Reihe sollen darüber hinaus den in der Praxis Stehenden über neue Strömungen der einzelnen Fachrichtungen orientieren.

Zu diesem Buch

Dieses Skriptum enthält - nach Stoffgebieten geordnet - Beispiele und Übungsaufgaben aus der Regelungstechnik. Es ist als Ergänzung zum Skriptum "Regelungstechnik", das vom gleichen Verfasser in dieser Reihe (Band 57) erschienen ist, gedacht. Das Buch wendet sich vorzugsweise an Studenten der Elektrotechnik.

Die Kenntnis mathematischer und elektrotechnischer Grundlagen wird vorausgesetzt, wie sie in der Regel für die Vorprüfung erforderlich sind. Für das Selbststudium wird Band 7 dieser Reihe (P. Vaske, Übertragungsverhalten elektrischer Netzwerke) sowie Band 57 (T. Ebel, Regelungstechnik) empfohlen. Das Buch eignet sich auch für Elektroingenieure in der Praxis, die ihre theoretischen Kenntnisse vertiefen wollen.

Beispiele und Aufgaben zur Regelungstechnik

Von Dipl.-Phys. T. Ebel
Professor an der
Fachhochschule Hamburg

unter Mitwirkung von
Dr.-Ing. A. Böttiger
Professor an der Universität
der Bundeswehr München und

Dipl.-Ing. M. Otto
Professor an der
Fachhochschule Hamburg

4., überarbeitete Auflage
Mit 126 Bildern, 21 Beispielen,
58 Aufgaben und Lösungen

B. G. Teubner Stuttgart 1991

Prof. Dr. Anneliese Böttiger

1936 in Berlin geboren. 1958 bis 1963 Studium der Elektrotechnik und Regelungstechnik an der Technischen Hochschule Darmstadt. 1964 bis 1968 Dozentin an der School of Electrical Engineering der Purdue University, Lafayette, Indiana (USA). 1965 Master of Science in Electrical Engineering. 1968 bis 1971 Entwicklungsingenieur bei der Dornier GmbH Friedrichshafen. 1971 bis 1975 Dozentin an der Fachhochschule Hamburg. Seit 1975 Professor für Regelungstechnik an der Universität der Bundeswehr München, Fachbereich Elektrotechnik.

Prof. Dipl.-Phys. Tjark Ebel

1927 in Hamburg geboren. 1947 bis 1952 Physikstudium an der Universität Hamburg. 1953 bis 1958 Entwicklungsingenieur bei Siemens und Halske in München und bei LM Ericsson in Darmstadt. Seit 1958 Dozent an der Fachhochschule Hamburg.

Prof. Dipl.-Ing. Michael Otto

1933 in Berlin geboren. 1953 bis 1959 Studium der Starkstromtechnik und Regelungstechnik an der Technischen Hochschule Braunschweig und der Technischen Universität Berlin. 1960 bis 1967 Projektierungs- ingenieur für Lageregelungen und -stabilisierungen auf Schiffen bei der AEG in Hamburg. Seit 1968 Dozent an der Fachhochschule Hamburg.

Die Deutsche Bibliothek - CIP-Einheitsaufnahme

Ebel, Tjark:
Beispiele und Aufgaben zur Regelungstechnik / von T. Ebel.
Unter Mitw. von A. Böttiger ; M. Otto. - 4., überarb. Aufl. -
Stuttgart : Teubner, 1991
  (Teubner-Studienskripten ; 70 : Elektrotechnik)

  ISBN 978-3-519-30070-0   ISBN 978-3-322-92725-5 (eBook)
  DOI 10.1007/978-3-322-92725-5

NE: Ebel, Tjark: Regelungstechnik; Regelungstechnik; GT

Umschlaggestaltung: W. Koch, Sindelfingen

Vorwort

Das vorliegende Skriptum enthält ausgewählte Beispiele und
Aufgaben aus der Regelungstechnik. Es dient zur Ergänzung
und Vertiefung des in Band 57 dieser Reihe (T. Ebel: Rege-
lungstechnik) enthaltenen Lehrstoffes. Vorausgesetzt werden
Grundkenntnisse in der Elektrotechnik (Schaltungstechnik,
Ortskurven, Anfangskenntnisse über elektrische Maschinen und
Verstärker), ferner sollte Band 7 dieser Reihe (P. Vaske:
Das Übertragungsverhalten elektrischer Netzwerke) bekannt
sein.

Die Theorie der Laplace-Transformation sollte dem Leser ver-
traut sein. (Korrespondenztabellen finden sich in den genann-
ten Bänden.) Für die komplexe Kreisfrequenz wird das Formelzeichen s benutzt. (Das Zeichen p hat in der einschlägi-
gen Literatur nicht überall die gleiche Bedeutung.) Um Verwechselungen zu vermeiden, wird die Zeiteinheit Sekunde mit
sec   bezeichnet.

Beispiele und Aufgaben sind nach Sachgebieten geordnet. In
der Regel folgen auf das Beispiel eine oder mehrere Aufgaben
mit ähnlicher Fragestellung. Der Leser sollte die Aufgaben
nach Möglichkeit selbstständig lösen. Um eine Kontrolle zu
ermöglichen, sind im Lösungsteil bei einfachen Aufgaben die
Ergebnisse, bei schwierigeren Aufgaben auch die Lösungswege
angegeben.

Symbole und Formelzeichen richten sich in erster Linie nach
DIN 19226. (Ausnahme: Als Zeichen für den Regelfaktor wird
das _kleine_ r verwendet, um Verwechselungen mit dem Wirk-
widerstand R zu vermeiden.)

Alle Gleichungen sind Größengleichungen. Die Bezeichnungen
der Einheiten richten sich nach dem Gesetz über Einheiten
im Meßwesen vom 2. 7. 1969. Soweit möglich, werden für zeit-
abhängige Größen kleine und für Konstanten große Buchstaben
verwendet (ausgenommen, wenn für Klein- und Großbuchstaben
verschiedene Bedeutungen festgelegt sind). Um Zahlenwerte

der linearen und der logarithmischen (Dezibel-) Skala in Beziehung zu setzen, werden die Zeichen $\triangleq$ (entsprechend), $\hat{\leqq}$ (kleiner oder gleich entsprechend) und $\hat{\geqq}$ (größer oder gleich entsprechend) benutzt. In allen elektrischen Schaltungen wird das Verbraucher-Zählpfeil-System verwendet.

Aus technischen Gründen lassen sich die Bode-Diagramme nur mit geringer Genauigkeit wiedergeben. Dem Leser sei daher empfohlen, die Kurven auf sog. halblogarithmischem Papier (Teilung der Abszissenachse in 4 Dekaden) nachzuzeichnen. Die aus den Diagrammen ermittelten Werte sind mit höherer Genauigkeit angegeben als der Darstellung im Buch entspricht.

Für die Unterstützung bei der Herstellung der Diagramme danken wir Herrn Dipl.-Ing. C. Fröhlich (FH Hamburg).

In der dritten und vierten Auflage wurde das Grundkonzept des Skriptums beibehalten, doch wurde es durch den Abschnitt "Abtastregelungen" erweitert. Die Bezeichnungen wurden den veränderten Normen angepaßt.

Hamburg und München, im Juli 1991   Die Verfasser

Inhalt

1. Analyse von Übertragungsgliedern

Hinweis zu den Beispielen und Aufgaben dieses Abschnitts :
Enthält ein Übertragungsglied mehrere gleichartige Bauelemente, sind diese nicht mit Indices (z.B. R_1, R_2) bezeichnet, sondern durch Faktoren auf eines dieser Bauelemente
normiert (z.B. R, mR, nR). Dadurch vereinfachen sich viele
Gleichungen.

1.1 Passive elektrische Netzwerke

Beispiele zu diesem Abschnitt: Siehe [1], Abschnitt 2.1.3
sowie [2], Abschnitte 2.3 und 2.4

Aufgaben 1 und 2 : Für die RC-Glieder von Bild 1 und 2 sind
die Übertragungsfunktionen F(s) und die Wirkungspläne aufzustellen (dabei sollen keine D-Glieder verwendet werden).
Eingangsgröße ist jeweils die Eingangsspannung u_e , Ausgangsgröße die Ausgangsspannung u_a .

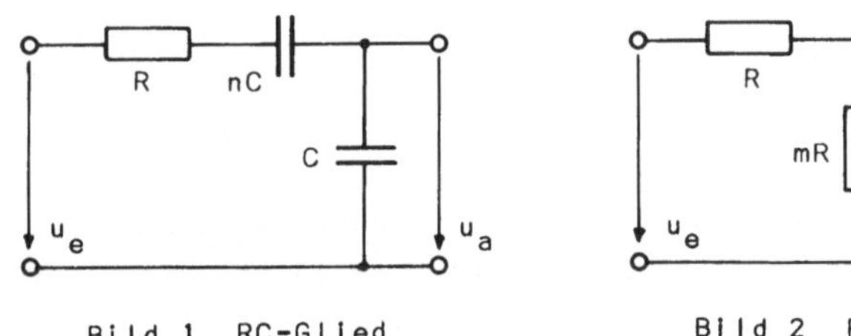

Bild 1   RC-Glied   Bild 2   RC-Glied

Aufgaben 3 bis 9 : Für die Netzwerke von Bild 3 bis 9 ist jeweils die Übertragungsfunktion $F(s) = u_a(s)/u_e(s)$ zu bestimmen.

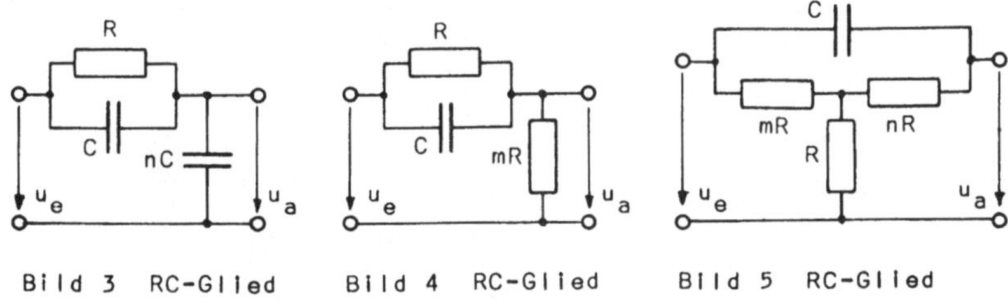

Bild 3   RC-Glied   Bild 4   RC-Glied   Bild 5   RC-Glied

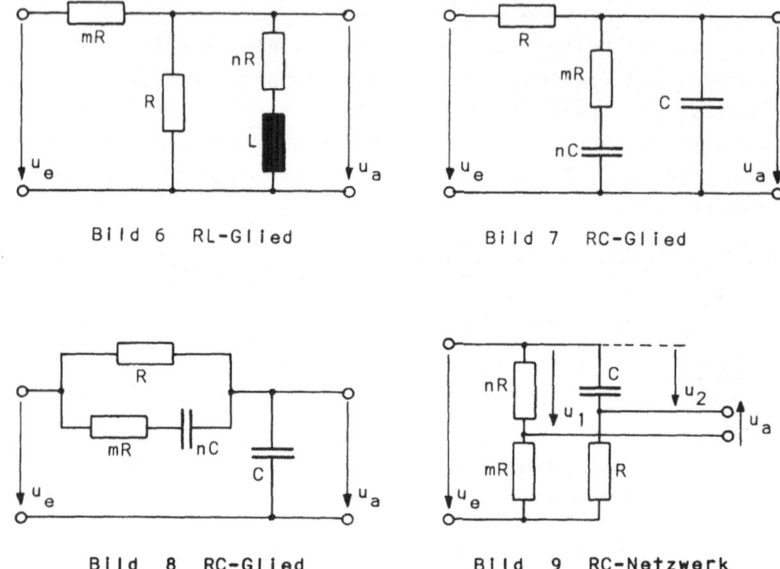

Bild 6   RL-Glied

Bild 7   RC-Glied

Bild 8   RC-Glied

Bild 9   RC-Netzwerk

Aufgaben 10 bis 12 : Für die Netzwerke von Bild 10 bis 12 sind
jeweils die Übertragungsfunktion F(s)   und der Wirkungsplan
aufzustellen. Eingangsgrößen sind die Ströme i, Ausgangsgrößen
die Spannungen u .

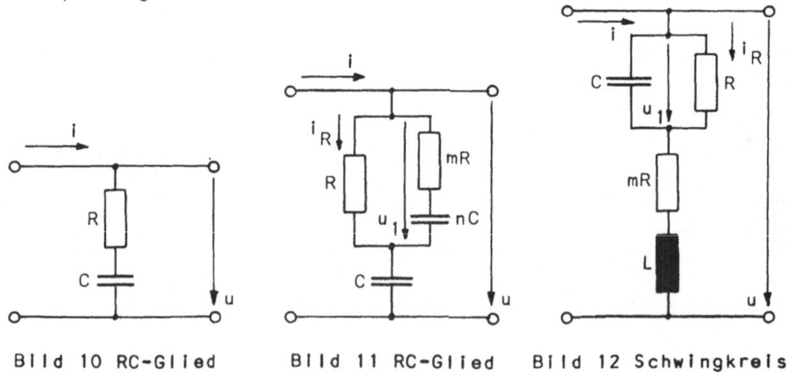

Bild 10 RC-Glied   Bild 11 RC-Glied   Bild 12 Schwingkreis

Aufgaben 13 und 14 : Für die in den Bildern 13 und 14 dargestellten Netzwerke ist die Übertragungsfunktion
$F(s) = i(s)/u(s)$ zu ermitteln.

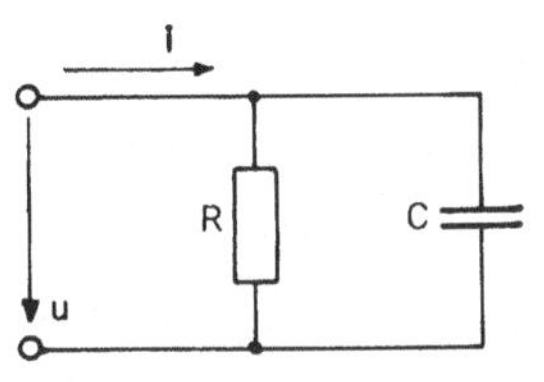

Bild 13 RC-Glied

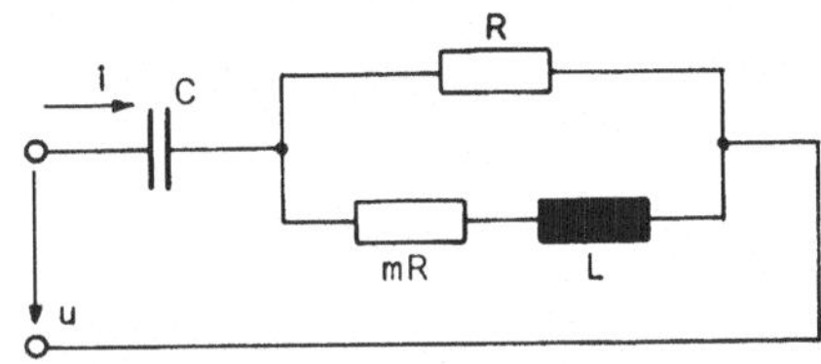

Bild 14 Schwingkreis

Aufgabe 15 : Für den in Bild 15 dargestellten Tiefpass ist der
Wirkungsplan (Eingangsgröße u_e , Ausgangsgröße u_a) aufzustellen. Dabei sind keine D-Glieder zu verwenden.

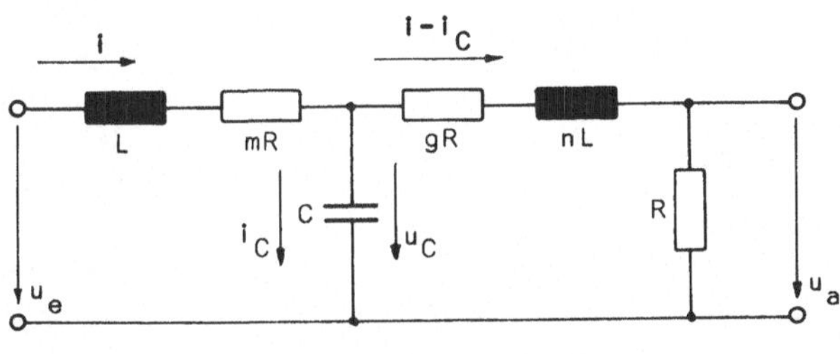

Bild 15 Tiefpaß

Aufgaben 16 und 17 : Für die Netzwerke von Bild 16 und 17
sind zu ermitteln:

    a) Die Übertragungsfunktion $F(s) = u_a(s)/u_e(s)$

    b) Werte der Kennkreisfrequenz ω_o, des Dämpfungsgrades ϑ
       sowie - soweit vorhanden - der Eigenkreisfrequenz ω_d,
       des Proportionalbeiwerts K_P und des Differenzierbei-
       werts K_D bei $L = 0{,}2$ H, $C = 80\,\mu$F, $mR = 42\,\Omega$ und
       $R = 200\,\Omega$.

    c) Gleichung des Verlaufs der Ausgangsspannung $u_a(t)$ bei
       den unter b) genannten Daten für $u_e(t) = 10$ V$\cdot\sigma(t)$.

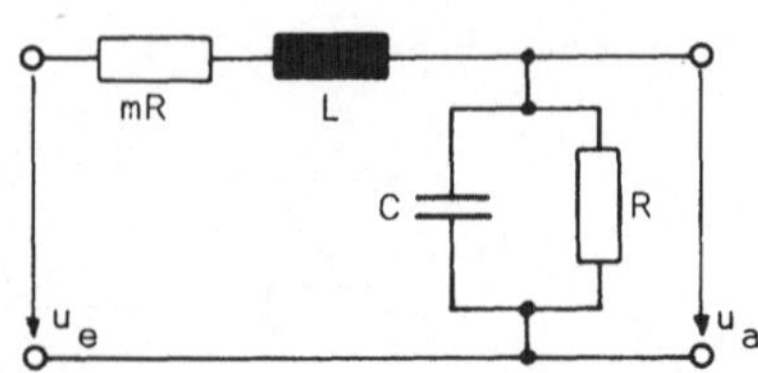

Bild 16   Schwingkreis

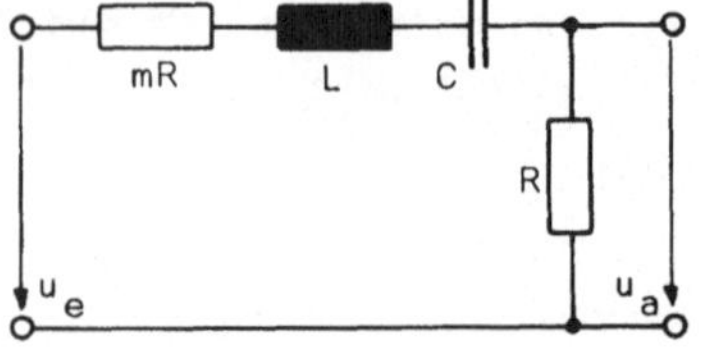

Bild 17   Schwingkreis

1.2 Aktive elektrische Netzwerke

Allgemeine Untersuchung des beschalteten Operationsverstärkers s. [1], Abschnitt 2.1.4 und [2], Abschnitt 3.4
Einführende Beispiele s. [1], Abschnitt 2.1.4

<u>Aufgaben 18 bis 21</u> : Für die in den Bildern 18 bis 21 dar-
gestellten beschalteten Operationsverstärker sind zu ermit-

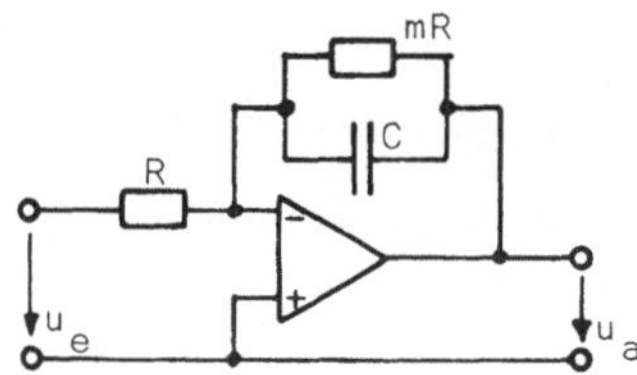

Bild 18   Beschalteter
          Operationsverstärker
          zu Aufgabe 18

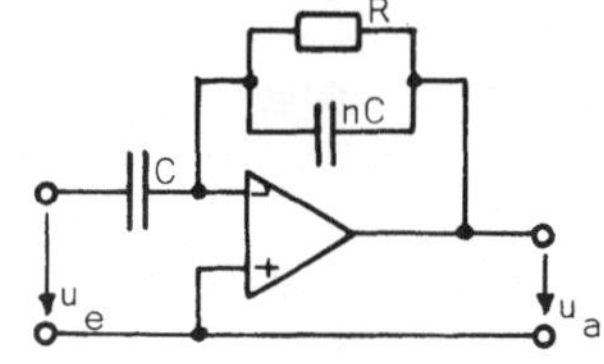

Bild 19   Beschalteter
          Operationsverstärker
          zu Aufgabe 19

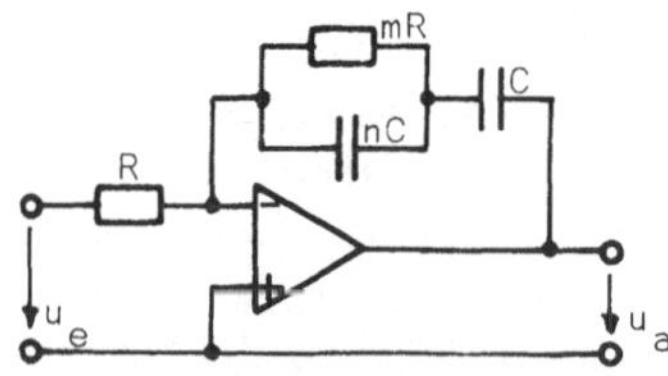

Bild 20   Beschalteter
          Operationsverstärker
          zu Aufgabe 20

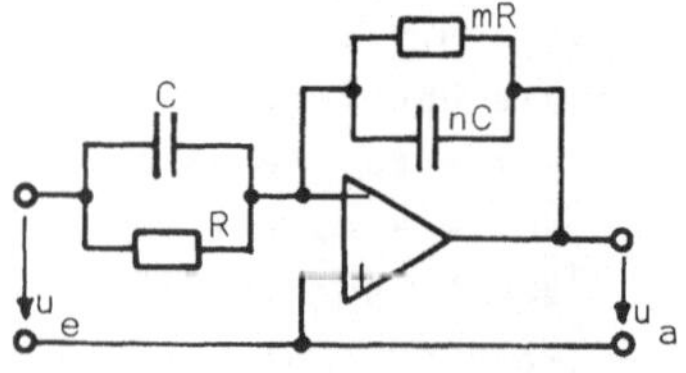

Bild 21   Beschalteter
          Operationsverstärker
          zu Aufgabe 21

teln :

   a) Die Übertragungsfunktion $F(s) = u_a(s)/u_e(s)$

   b) Die Differentialgleichung zwischen $u_a(t)$ und $u_e(t)$

   c) Die Übergangsfunktion $h(t) = u_a(t)/U_{eo}$

       ($u_e(t) = U_{eo} \varepsilon(t)$)

<u>Aufgabe 22</u> : Die Übertragungsfunktion $F(s) = u_a(s)/u_e(s)$
des Netzwerkes von Bild 22 ist zu ermitteln.

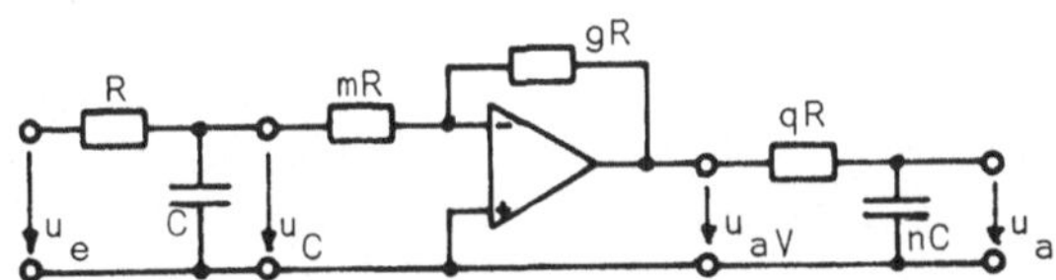

Bild 22 Netzwerk mit Operationsverstärker von Aufgabe 22

<u>Aufgaben 23 und 24</u> : Für die beschalteten Operationsverstär-
ker von Bild 23 und 24 sind jeweils zu ermitteln :

   a) Die Übertragungsfunktion $F(s) = u_a(s)/u_e(s)$

   b) Die Grenzen, zwischen denen der Dämpfungsgrad ϑ der
      betreffenden Schaltung durch geeignete Wahl der Bauteil-
      daten eingestellt werden kann, wenn die Kennkreisfre-
      quenz ω_o, der Proportionalbeiwert K_P und - bei Auf-
      gabe 24 - die Vorhaltzeit T_v (s. [2] , Abschn. 3.2.5)
      vorgegeben sind.

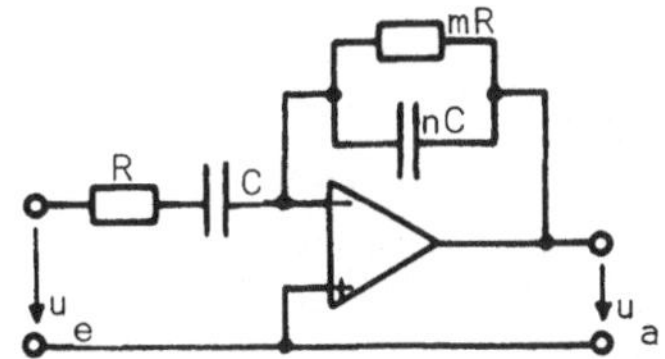

Bild 23   Beschalteter
           Operationsverstärker
           zu Aufgabe 23

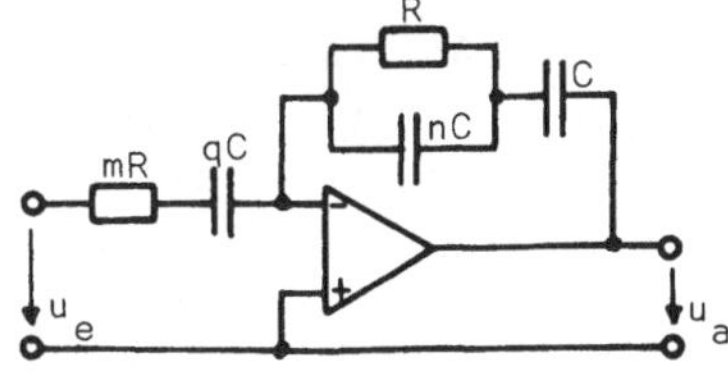

Bild 24   Beschalteter
           Operationsverstärker
           zu Aufgabe 24

<u>Aufgaben 25 und 26 :</u> Es sind die beschalteten Operations-
verstärker von Bild 25 und 26 zu untersuchen.

    a) Wie lautet die Übertragungsfunktion $F(s) = u_a(s)/u_e(s)$?

    b) Zwischen welchen Grenzen ist die Vorhaltzeit T_v durch
       geeignete Wahl der Bauteildaten einstellbar, wenn der
       Proportionalbeiwert K_P vorgegeben ist ?

    c) Zwischen welchen Grenzwerten kann der Quotient T_n/T_v
       eingestellt werden, wenn jeweils Proportionalbeiwert
       K_P, Vorhaltzeit T_v und bei der Aufgabe 25 Faktor n vor-
       gegeben sind? Dabei soll n nicht kleiner als 10^{-3} ge-
       wählt werden, damit nicht zu unterschiedliche Kapazi-
       tätswerte auftreten.

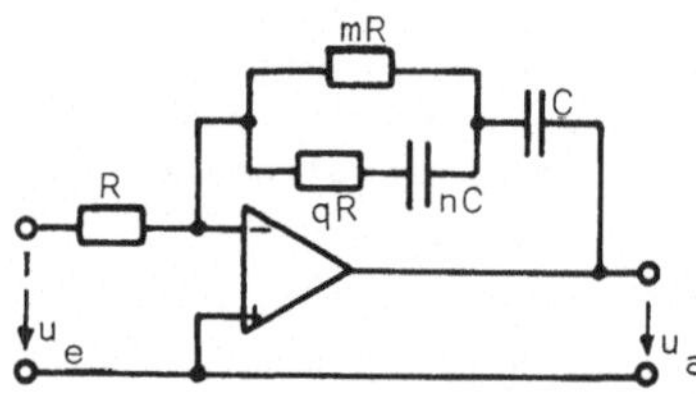

Bild 25   Beschalteter
             Operationsverstärker
             zu Aufgabe 25

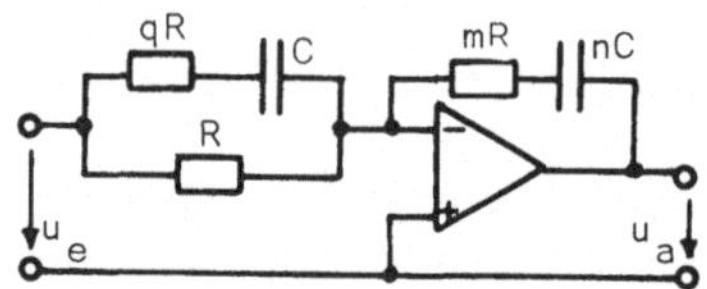

Bild 26   Beschalteter
             Operationsverstärker
             zu Aufgabe 26

<u>Aufgaben 27 bis 30 :</u> Für die beschalteten Operationsverstär-
ker von Bild 27 bis 30 sind zu ermitteln:

    a) Die Übertragungsfunktion $F(s) = u_a(s)/u_e(s)$

    b) Die Grenzen, zwischen denen bei den Aufgaben 27 bis 29
       der Dämpfungsgrad ϑ der Schaltung durch geeignete Wahl
       der Bauteildaten verändert werden kann, wenn der Pro-
       portionalbeiwert K_P bzw. der Differenzierbeiwert K_D
       sowie die Kennkreisfrequenz ω_o - jedoch nicht die Vor-
       haltzeit T_v bei Aufgabe 29 - vorgegeben sind.

    c) Die Grenzen, zwischen denen der Quotient T_v/T der
       Schaltung von Aufgabe 30 durch geeignete Wahl der Bau-
       teildaten verändert werden kann, wenn der Proportional-
       beiwert K_P sowie die Zeitkonstante T vorgegeben sind.

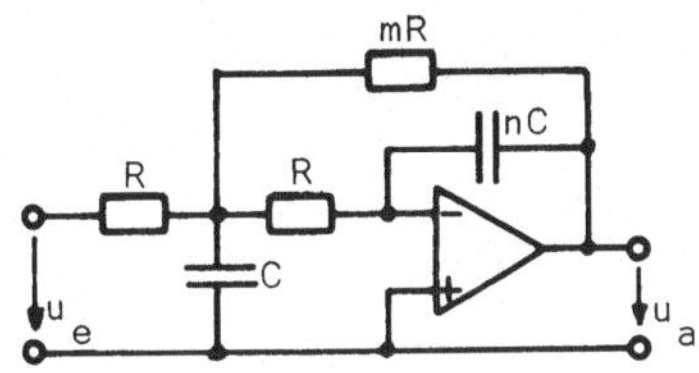

Bild 27   Beschalteter
           Operationsverstärker
           zu Aufgabe 27

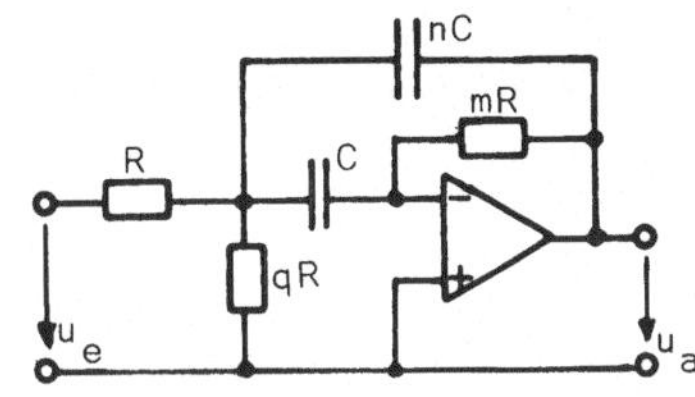

Bild 28   Beschalteter
           Operationsverstärker
           zu Aufgabe 28

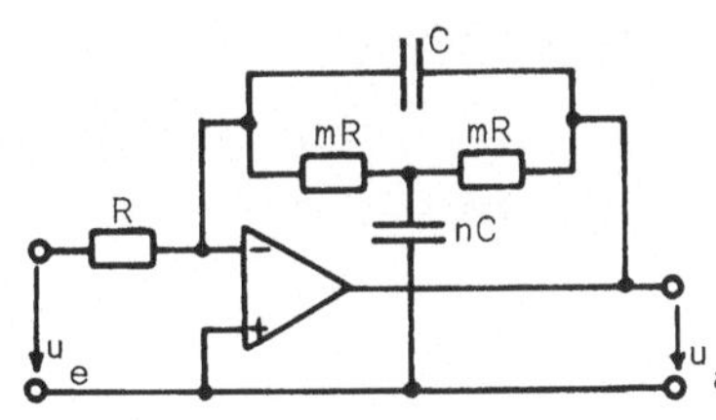

Bild 29   Beschalteter
           Operationsverstärker
           zu Aufgabe 29

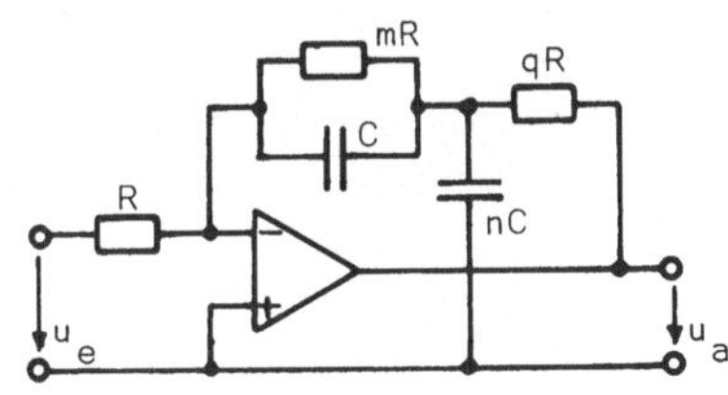

Bild 30   Beschalteter
           Operationsverstärker
           zu Aufgabe 30

Für die Übertragungsfunktionen $F(s)$ der vorher untersuchten
Schaltungen ohne Zwischenverbindung zur Masse gibt es eine
sehr einfache Grundformel. Für die Schaltungen der Aufgaben
27 bis 30 gibt es keine solche Formel.
Man muß für jedes Bauteil, jede Spannungsmasche und jeden
Stromknoten eine Gleichung im Bildbereich aufstellen. Ein Teil
dieser Gleichungen läßt sich auch in die Benennung von Strö-
men und Spannungen hineinlegen. Die Eingangsspannung und der
Eingangsstrom des unbeschalteten Operationsverstärkers werden
vernachlässigt. Das so erhaltene Gleichungssystem ist so zu-
sammenzufassen, daß die Ausgangsspannung u_a als Funktion der
Eingangsspannung u_e erscheint.

<u>Beispiel 1 :</u> Die Übertragungsfunktion $F(s) = u_a(s)/u_e(s)$ des Netzwerks von Bild 31 ist aufzustellen. Die Eigenschaften der Schaltung sind zu diskutieren.

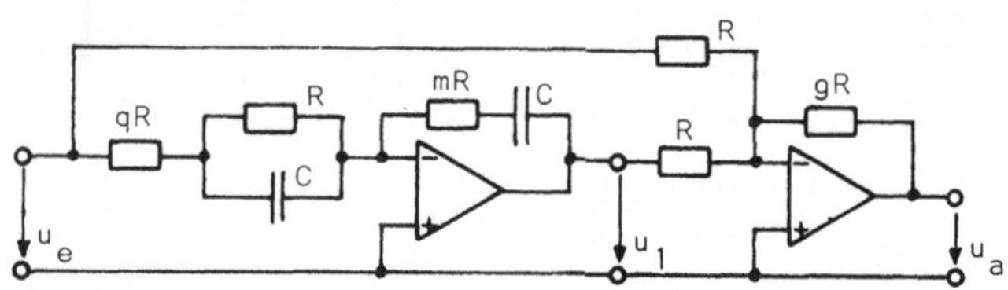

Bild 31   Netzwerk mit zwei Operationsverstärkern (Beispiel 1)

Zunächst stellen wir die Übertragungsfunktion $F(s)$ des ersten beschalteten Operationsverstärkers auf. Seine Ausgangsspannung sei u_1; dann wird

$$F_1(s) = u_1(s)/u_e(s)$$

$$= - \frac{mR + 1/(Cs)}{qR + \dfrac{R/(Cs)}{R + 1/(Cs)}} = - \frac{(1 + mCRs)(1 + CRs)}{(1 + q)CRs(1 + \dfrac{q}{1 + q}CRs)} \tag{1}$$

oder

$$F_1(s) = - \frac{\dfrac{1 + m}{1 + q}}{1 + \dfrac{q}{1 + q}CRs} \left[\frac{1}{(1 + m)CRs} + 1 + \frac{m}{1 + m}CRs \right]$$

$$= - \frac{K_P}{1 + Ts} \left[\frac{1}{T_n s} + 1 + T_v s \right]$$

mit $\quad K_P = \dfrac{1 + m}{1 + q}$, $\qquad T = \dfrac{q}{1 + q}CR$, $\qquad T_n = (1 + m)CR$

und $\quad T_v = \dfrac{m}{1 + m}CR$

Der erste Operationsverstärker **hat (PID)-T_1-Verhalten**; K_P ist sein Proportionalbeiwert, T seine Zeitkonstante, T_n seine Nachstellzeit und T_v seine Vorhaltzeit. Bei den meisten **(PID)-T_1-Gliedern ist**

$$T_n \geqq 4T_v$$

In diesem Fall läßt es sich nach [2], Abschn. 3.2.6 in ein

PI-Glied und ein (PD)-T_1-Glied in Kettenschaltung zerlegen; die Übertragungsfunktion hat dann zwei reelle Nullstellen. Wie aus Gl. (1) zu erkennen ist, gehört auch die schon untersuchte Teilschaltung zu diesem Typ.

Der zweite Operationsverstärker ist als Addierer geschaltet. Die beiden Eingangsspannungen u_e und u_1 werden, da sie denselben Eingangswiderstand R haben, mit dem Gegenkopplungsverhältnis gR/R bewertet und addiert. Deshalb wird

$$u_a(s) = - gu_e(s) - gu_1(s)$$

Da nun am ersten Operationsverstärker

$$u_1(s) = \frac{1}{1 + \frac{q}{1 + q} CRs} \left[\frac{1}{(1 + q)CRs} + \frac{1 + m}{1 + q} + \frac{mCRs}{1 + q} \right] u_e(s)$$

galt, wird $u_a(s) =$

$$- gu_e(s) + g \frac{1}{1 + \frac{q}{1 + q}CRs} \left[\frac{1}{(1 + q)CRs} + \frac{1 + m}{1 + q} + \frac{mCRs}{1 + q} \right] u_e(s)$$

und somit

$$F(s) = \frac{u_a(s)}{u_e(s)} = \frac{g \frac{m - q}{1 + q}}{1 + \frac{q}{1 + q} CRs} \left[\frac{1}{(m - q)CRs} + 1 + CRs \right]$$

Die Gesamtschaltung zeigt wiederum (PID)-T_1-Verhalten mit

$$K_P = g \frac{m - q}{1 + q}, \qquad T = \frac{q}{1 + q} CR, \qquad T_n = (m - q)CR \quad u. \quad T_V = CR$$

Sind K_P, T, T_n und T_V vorgegeben, so sind diese vier Gleichungen die Bestimmungsgleichungen für das Produkt CR und die drei Faktoren g, m und q. Aus T_V ergibt sich CR. Dann ermittelt man q aus T, m aus T_n und g aus K_P. Dabei ergibt sich

$$T_n/T_V = m - q$$

Der Faktor q liegt über T_V und T fest, m ist beliebig wählbar. Deshalb ist mit dieser Schaltung jeder beliebige Wert von T_n/T_V verwirklichbar. Das bedeutet, daß der (PID)-T_1-Verstärker von Bild 31 der Einschränkung $T_n \gtrless 4T_V$ nicht mehr unterliegt; seine Übertragungsfunktion kann auch konjugiert komplexe Nullstellen haben.

1.3 Elektromechanische Übertragungsglieder

<u>Beispiel 2</u> : Es **sind der** Wirkungsplan und die Übertragungsfunktion eines Gleichstrommotors zu bestimmen.

Eingangsgröße sei die Klemmenspannung u , Ausgangsgröße die Winkelgeschwindigkeit ω . Die Erregung des Motors sei konstant (s. Bild 32).

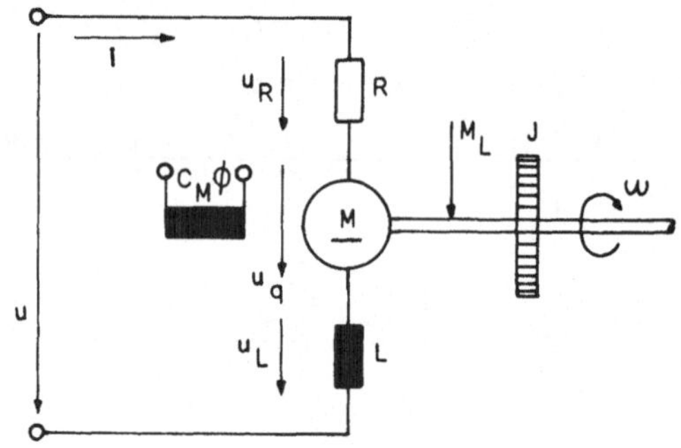

Bild 32   Konstant erregter Gleichstrommotor

Gegeben sind: Der magnetische Fluß ϕ , die Maschinenkonstante C_M , die Ankerkreisinduktivität L , der Ankerkreiswiderstand R   sowie das Trägheitsmoment J aller angetriebenen Drehmassen. Das Lastmoment M_L hänge nicht von der Winkelgeschwindigkeit ω ab; Reibungsmoment und Bürstenspannung seien zu vernachlässigen.

Es seien u_L und u_R die **Teilspannungen** an der Ankerkreisinduktivität L und am Ankerkreiswiderstand R , u_q die Quellenspannung des Motors; dann gilt

$$u = u_L + u_R + u_q$$

wobei

$$u_q = C_M \phi \omega \qquad\qquad (2)$$

Der Ankerstrom sei i ; dann wird

$$u = L\dot{i} + Ri + C_M\phi\,\omega$$

Ferner gilt für das innere Moment M_i der Gleichstromma-
schine

$$M_i = C_M\phi\, i \qquad\qquad (3)$$

und für das Beschleunigungsmoment

$$M_B = J\dot{\omega} \qquad\qquad (4)$$

Da das Reibungsmoment vernachlässigt werden sollte, muß das
innere Moment mit dem Beschleunigungsmoment und dem Lastmoment im Gleichgewicht sein

$$M_i = M_B + M_L$$

Somit ergibt sich der Wirkungsplan von Bild 33.

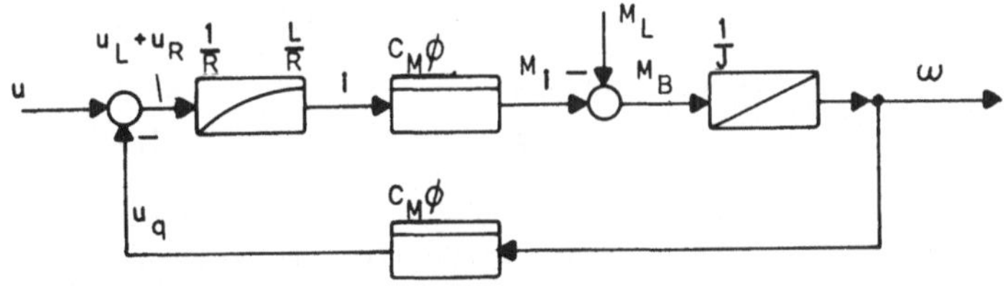

Bild 33   Wirkungsplan des Gleichstrommotors

Bei konstantem Lastmoment M_L ergibt sich nach [2], Abschn.
2.3 die Übertragungsfunktion

$$F(s) = \frac{\Delta\omega(s)}{\Delta u(s)} = \frac{\dfrac{1}{R}\cdot\dfrac{1}{1+\dfrac{L}{R}s}\,C_M\phi\,\dfrac{1}{J}\cdot\dfrac{1}{s}}{1+\dfrac{1}{R}\cdot\dfrac{1}{1+\dfrac{L}{R}s}\,C_M\phi\,\dfrac{1}{J}\cdot\dfrac{1}{s}\,C_M\phi}$$

oder

$$F(s) = \frac{\Delta\omega(s)}{\Delta u(s)} = \frac{\dfrac{1}{C_M\phi}}{1+\dfrac{JR}{c_M^2\phi^2}\,s + \dfrac{JL}{c_M^2\phi^2}\,s^2}$$

Der Motor hat $P\text{-}T_2$-Verhalten.

<u>Aufgabe 31</u> :   Beim Gleichstrommotor vom Beispiel 2 (Wirkungs-
plan Bild 33) kann das Lastmoment M_L als Störgröße z aufgefaßt werden.

a) Es ist die Störübertragungsfunktion $F_z(s)$ $=\Delta\omega(s)/\Delta M_L(s)$
   in allgemeiner Form zu bestimmen.

b) Gegeben seien die Daten

$$J = 0,4 \text{ VAsec}^3 , \qquad C_M\phi = 1 \text{ Vsec} ,$$

$$L = 0,05 \text{ H} , \qquad R = 0,5 \ \Omega$$

Es sind die Kennkreisfrequenz ω_o , der Dämpfungsgrad ϑ
und die Eigenkreisfrequenz ω_d der Störübertragungsfunktion $F_z(s)$ zu berechnen.

c) Das Lastmoment hänge nach der Beziehung

$$M_L = K\omega + M_{Lo} \qquad mit \qquad M_{Lo} = const.$$

von der Winkelgeschwindigkeit ω ab. Es ist die Übertragungsfunktion $F(s) = \Delta\omega(s)/\Delta u(s)$ in allgemeiner Form
zu bestimmen.

<u>Beispiel 3</u> : Es ist der Wirkungsplan eines Gleichstrom-
motors, der über eine elastische Kupplung eine Arbeitsmaschine antreibt, aufzustellen.

Eingangsgröße sei die Klemmenspannung u des konstant er-

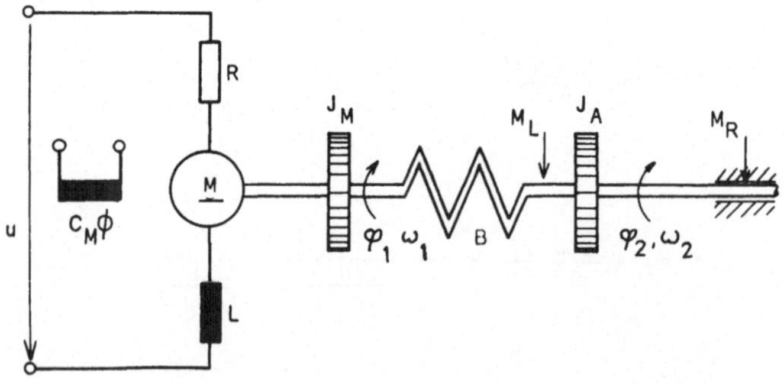

Bild 34   Maschinensatz mit elastischer Kupplung

regten Motors, Ausgangsgröße die Winkelgeschwindigkeit ω_2 der Welle der Arbeitsmaschine (s. Bild 34). Die Formelzeichen C_M, ϕ , L und R haben dieselbe Bedeutung wie im Beispiel 2; ferner seien J_M und J_A die Trägheitsmomente von Motor und Arbeitsmaschine, B die inverse Federkonstante der Kupplung. φ_1 und ω_1 seien der Verdrehungswinkel und die Winkelgeschwindigkeit des Motors und φ_2 der Verdrehungswinkel der Welle der Arbeitsmaschine. Auf diese Welle wirke das Reibungsmoment

$$M_R = D\omega_2 + M_{Ro}$$

(D = Reibungskoeffizient; M_{Ro} = const.), sowie das Lastmoment M_L , das von der Winkelgeschwindigkeit ω_2 unabhängig sei. Für den Motor können wir den Wirkungsplan vom Beispiel 2 weitgehend übernehmen, doch muß das innere Moment des Motors

$$M_i = M_{B1} + M_F$$

jetzt dem Beschleunigungsmoment

$$M_{B1} = J_M \dot{\omega}_1$$

des Motorankers und dem von der Kupplung übertragenen Moment

$$M_F = \frac{1}{B} (\varphi_1 - \varphi_2)$$

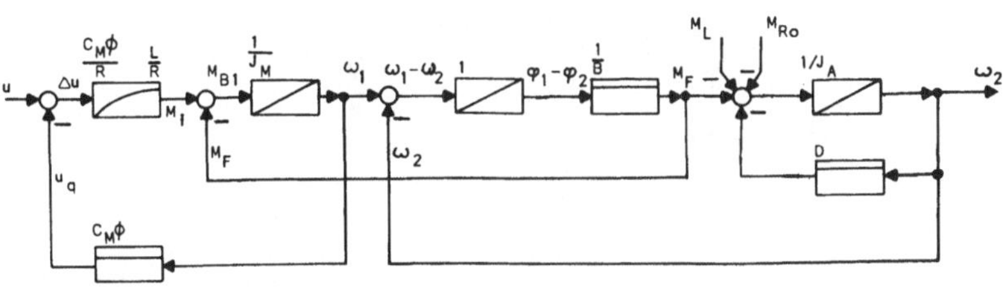

Bild 35   Wirkungsplan zum Beispiel 3

die Waage halten.

Ferner gilt für die Quellenspannung des Motors (s. Gl. (2))

$$u_q = c_M \phi \omega_1$$

Aus $\omega_1 = \dot{\varphi}_1$ und $\omega_2 = \dot{\varphi}_2$ folgt

$$\varphi_1 - \varphi_2 = \int (\omega_1 - \omega_2)\,dt$$

Die Welle der Arbeitsmaschine wird vom Kupplungsmoment

$$M_F = M_{B2} + M_R + M_L$$

angetrieben, das dem Beschleunigungsmoment

$$M_{B2} = J_A \dot{\omega}_2$$

der Arbeitsmaschine, dem Reibungsmoment M_R und dem Lastmoment M_L das Gleichgewicht halten muß. Somit ergibt sich
der Wirkungsplan von Bild 35.

<u>Aufgabe 32</u> : Untersuchung einer Quellenspannungsmeßbrücke.

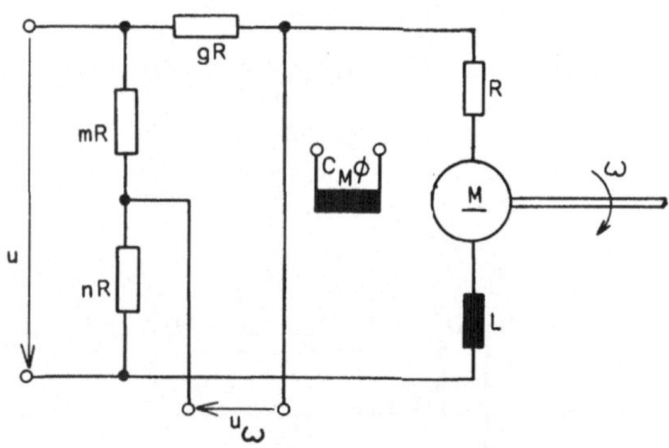

Bild 36   Quellenspannungsmeßbrücke zur Messung der Winkel-
           geschwindigkeit eines Gleichstrommotors

Statt eines Tachogenerators (oder anderen Meßfühlers) kann
zur angenäherten Messung der Winkelgeschwindigkeit eines

Gleichstrommotors eine Quellenspannungsmeßbrücke nach Bild 36 verwendet werden.

a) Für diese Schaltung soll die Differentialgleichung ermittelt werden, die den Zusammenhang zwischen der Meßspannung u_ω , der Klemmenspannung u und der Winkelgeschwindigkeit ω wiedergibt.

b) Welche Beziehung muß zwischen den Konstanten g, m und n bestehen, damit statisch (d. h., wenn die Wirkung der Induktivität L unberücksichtigt bleibt) die Meßspannung u_ω proportional der Winkelgeschwindigkeit ω wird?

c) Welche Gleichung gilt dann (statisch) für die Meßspannung u_ω ?

<u>Beispiel 4</u> : Es sind Wirkungsplan und Übertragungsfunktion eines Drehspulmeßwerkes mit mechanischer Dämpfung aufzustellen. Eingangsgröße sei der Meßwerkstrom i , Ausgangsgröße der Ausschlagwinkel φ .

Der magnetische Fluß ϕ wird von einem Permanentmagneten erzeugt. Ist C_M die Meßwerkkonstante, wird in der Meßspule eine Quellenspannung

$$u_q = C_M \phi \omega \qquad (5)$$

induziert; dabei ist $\omega = \dot{\varphi}$ die Winkelgeschwindigkeit des Meßwerkes. Ferner gelten für das innere Moment M_i und das Beschleunigungsmoment des Meßwerkes wie beim Gleichstrommotor die Gl. (3) und (4)

$$M_i = C_M \phi\, i \qquad\qquad \text{und} \qquad\qquad M_B = J \dot{\omega}$$

wobei J das Trägheitsmoment der beweglichen Masse ist.
Die Spiralfedern erzeugen ein Rückstellmoment

$$M_F = \frac{1}{B} \varphi \qquad\qquad \text{(B = Inverse Federkonstante)}$$

Ferner bewirkt die mechanische Dämpfung ein Moment

$$M_D = D \dot{\varphi} \qquad\qquad \text{(D = Dämpfungskonstante)}$$

Da die Momente im Gleichgewicht sein müssen, ergibt sich die Gleichung

$$M_i = M_B + M_F + M_D$$

Damit erhält man den Wirkungsplan von Bild 37

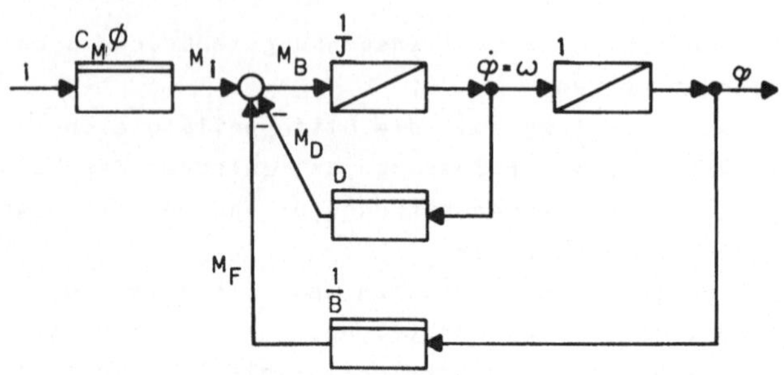

Bild 37   Wirkungsplan des Meßwerkes von Beispiel 4

Aus dem Wirkungsplan entnimmt man die Übertragungsfunktion

$$F(s) = \frac{\phi(s)}{I(s)} = \frac{BC_M\phi}{1 + BDs + BJs^2}$$

Das Meßwerk hat $P-T_2$-Verhalten.

<u>Aufgabe 33</u> :   Die Drehspule des Meßwerkes vom Beispiel 4
habe den Widerstand R und die Induktivität   L . Die Eingangsgröße sei die Meßwerkspannung u , die Ausgangsgröße
sei der Ausschlagwinkel ϕ . Es sind der Wirkungsplan und
die Übertragungsfunktion zu ermitteln.

<u>Aufgabe 34</u> :   Belasteter Gleichstromgenerator.
Ein konstant erregter Gleichstromgenerator werde mit der
Winkelgeschwindigkeit ω angetrieben. Er sei entsprechend
Bild 38 mit einer Drosselspule (Induktivität L , Widerstand R) belastet. Seine Ankerkreisinduktivität sei nL ,
sein Ankerkreiswiderstand mR , die Maschinenkonstante C_M
und der magnetische Fluß ϕ. Die Winkelgeschwindigkeit ω
werde als Eingangsgröße und die Klemmenspannung u als Ausgangsgröße angenommen. Gesucht sind

     a) der Wirkungsplan
     b) die Übertragungsfunktion

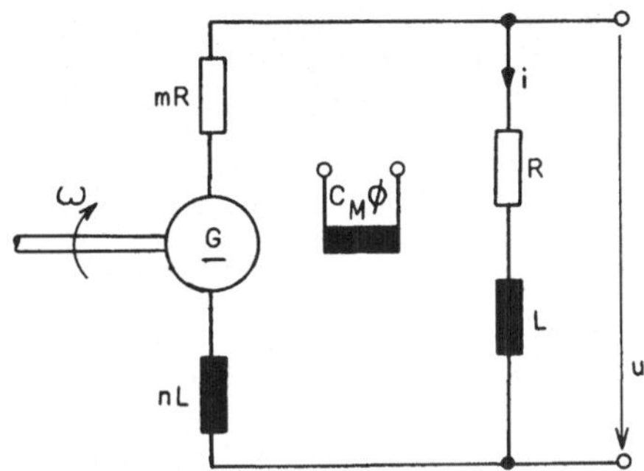

Bild 38   Belasteter Gleichstromgenerator von Aufgabe 34

<u>Beispiel 5</u> : Es sind der Wirkungsplan und die Störübertra-
gungsfunktion eines Asynchronmotors zu ermitteln. Dabei soll
der Einfluß des Lastmomentes M_L (als Störgröße) untersucht
werden. Ausgangsgröße des Wirkungsplanes sei die Winkelgeschwindigkeit ω des Läufers.
Wie aus der in Bild 39 dargestellten Betriebskennlinie zu
entnehmen ist, zeigt ein stromverdrängungsfreier Asynchron-
motor im Bereich kleinen Schlupfes (Schlupf s klein gegen

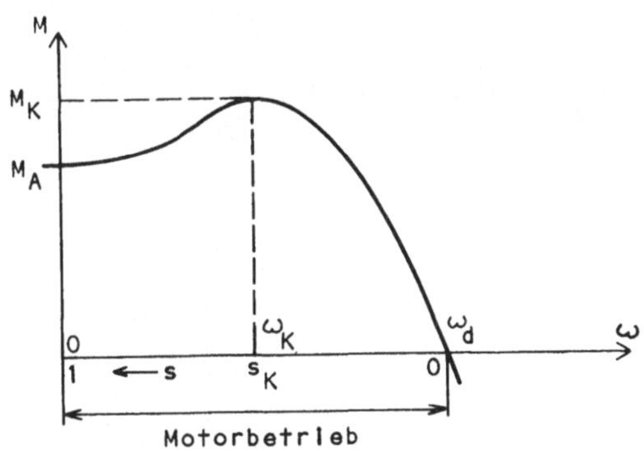

Bild 39 Betriebskennlinie $M = f(\omega)$ eines stromverdrän-
gungsfreien Asynchronmotors (mit Anlaufmoment M_A und
Kipp-Winkelgeschwindigkeit ω_K)

den Kippschlupf s_K) eine angenähert proportionale Abhängigkeit des Schlupfes s vom Drehmoment M

$$\frac{M}{M_K} \approx \frac{2s}{s_K}$$

wobei M_K das Kippmoment ist. Der Schlupf-Winkelgeschwindig-
keit $\omega_S = s\omega_d$ (ω_d = Drehfeld-Winkelgeschwindigkeit)

ist die Quellenspannung u_{2q} proportional; diese hat - über
eine Verzögerung 1. Ordnung mit der Zeitkonstanten

$$T = \frac{L_{2\delta}}{R_2}$$

(wobei $L_{2\delta}$ die Streuinduktivität und R der Wirkwider-
stand des Läufers sind)-den Läuferstrom i_2 zur Folge, der
wiederum dem Drehmoment M proportional ist. Berücksichtigt
man, daß das Drehmoment M dem Lastmoment M_L und dem
Beschleunigungsmoment $M_B = J\dot{\omega}$ die Waage halten muß, ergibt sich der Wirkungsplan von Bild 40 mit

$$K = \frac{2M_K}{s_K \omega_d}$$

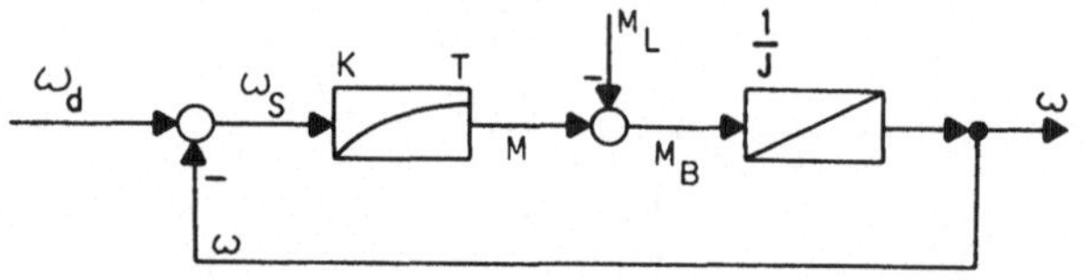

Bild 40   Wirkungsplan eines Dreiphasen- Asynchronmotors
           bei kleinem Schlupf (s $\ll s_K$)

Daraus leitet sich die Störübertragungsfunktion ab

$$F_z(s) = \frac{\Delta\omega(s)}{\Delta M_L(s)} = \frac{1}{K} \cdot \frac{1 + Ts}{1 + \frac{J}{K}s + \frac{JT}{K}s^2}$$

$((PD)-T_2$-Verhalten)

1.4 Thermodynamische Übertragungsglieder

Beispiel 6 : Erwärmung eines festen Körpers.

Ein fester Körper mit der Masse m , der Oberfläche A und
der spezifischen Wärmekapazität c ist von einer Grenzschicht der Dicke D (die klein gegen die Abmessungen des
Körpers ist) und der Wärmeleitfähigkeit λ umgeben. Die
Wärmeleitfähigkeit des Körpers selbst sei unendlich groß, so
daß an allen Stellen die gleiche Temperatur ϑ_i herrscht;
die Außentemperatur sei ϑ_a . Der Einfluß der Wärmestrah-
lung wird vernachlässigt. Es sollen der Wirkungsplan und
die Übertragungsfunktion ermittelt werden, wenn die Außentemperatur ϑ_a als Ursache (Eingangsgröße) und die Körpertempera-
tur ϑ_i als Wirkung (Ausgangsgröße) aufgefaßt werden.

Der Körper hat die Wärmekapazität

$$C = mc$$

Die vom Körper gespeicherte
Wärmemenge

$$Q = C\,\vartheta_i$$

ist seiner Temperatur ϑ_i
proportional. Durch die Grenzschicht tritt ein Wärmestrom ϕ ,
der der Temperaturdifferenz
$\vartheta_a - \vartheta_i$ direkt und dem
Wärmewiderstand der Grenzschicht

$$R = \frac{D}{\lambda A}$$

umgekehrt proportional ist

$$\phi = \frac{1}{R} (\vartheta_a - \vartheta_i)$$

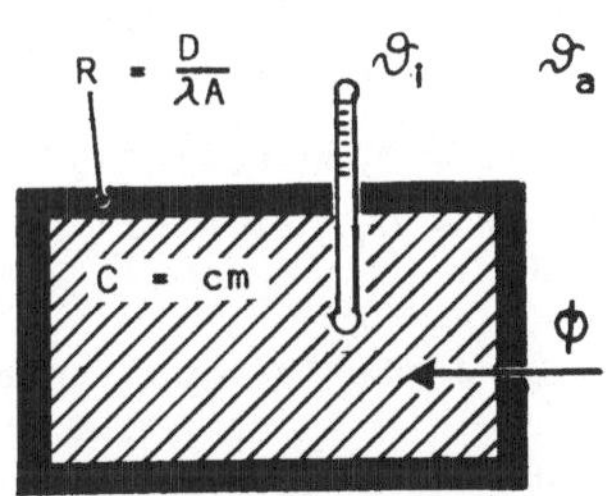

Bild 41   Fester Körper mit
wärmeleitender
Grenzschicht

Der Wärmestrom ϕ ist gleich der zeitlichen Änderung der
Wärmemenge Q

$$\phi = \frac{dQ}{dt}$$

oder

$$Q = \int \phi \, dt$$

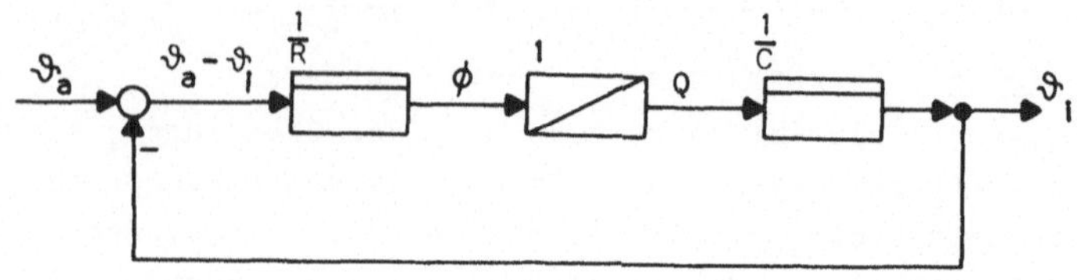

Bild 42   Wirkungsplan für die Erwärmung eines festen
          Körpers

Damit ergibt sich der Wirkungsplan von Bild 42 und daraus
die Übertragungsfunktion

$$F(s) = \frac{\vartheta_i(s)}{\vartheta_a(s)} = \frac{1}{1 + CRs}$$

Der Körper hat $P-T_1$-Verhalten.
Nehmen wir an, es seien die folgenden Daten gegeben :

c = 0,8 kWsec/(kgK)	A = 0,04 m^2
λ = 0,2 W/(K·m)	D = 2 mm
	m = 2 kg

Dann wird die Zeitkonstante T = CR = cmD/(λA) = 400 sec

Aufgabe 35 : Ein elektrischer Heizkörper mit der Wärmekapazität C und der Temperatur ϑ_H befindet sich in einem
Raum, dessen Luftmasse die Wärmekapazität nC und die Temperatur ϑ_L habe. Den Heizkörper umgibt eine Grenzschicht
mit dem Wärmewiderstand R. Die Außenwand des Raumes hat den
Wärmewiderstand bR . Die Außentemperatur sei ϑ_a .
Gesucht sind :

a) der Wirkungsplan, wenn die zugeführte elektrische Leistung
   P_{el} als Eingangsgröße und die Raumtemperatur ϑ_L als
   Ausgangsgröße angenommen werden. Die Außentemperatur ϑ_a
   tritt dabei als Störgröße auf.
b) Die Übertragungsfunktion F(s) = $\Delta\vartheta_L$(s)/ΔP_{el}(s).

<u>Beispiel 7</u> :   Erwärmung einer strömenden Flüssigkeit.

Durch einen Erhitzer strömt eine Flüssigkeit mit der spezifischen Wärmekapazität c . Der Massenstrom $\dot{m}$ ist konstant; im Erhitzer ist stets die Masse m_F enthalten. Durch elektrische Heizung wird der Flüssigkeit der Wärmestrom ϕ zugeführt (der gleich der elektrischen Leistung P_{el} ist).
ϑ_{zu} sei die Temperatur der zufließenden, ϑ_{ab} diejenige der abfließenden Flüssigkeit. Die Außenwand des Erhitzers hat den Wärmewiderstand R ; die Außentemperatur sei ϑ_a .
Zur Vereinfachung sei angenommen, daß infolge guter Durchmischung Temperaturunterschiede innerhalb der Flüssigkeit keine Rolle spielen.
Gesucht werden der Wirkungsplan (mit P_{el} als Eingangsgröße und ϑ_{ab} als Ausgangsgröße) und die entsprechende Übertragungsfunktion, ferner die Störübertragungsfunktion

$$F_z(s) = \Delta\vartheta_{ab}(s)/\Delta\vartheta_{zu}(s) .$$

Die zufließende Flüssigkeit führt einen Wärmestrom

$$\phi_{zu} = c\dot{m}\,\vartheta_{zu}$$

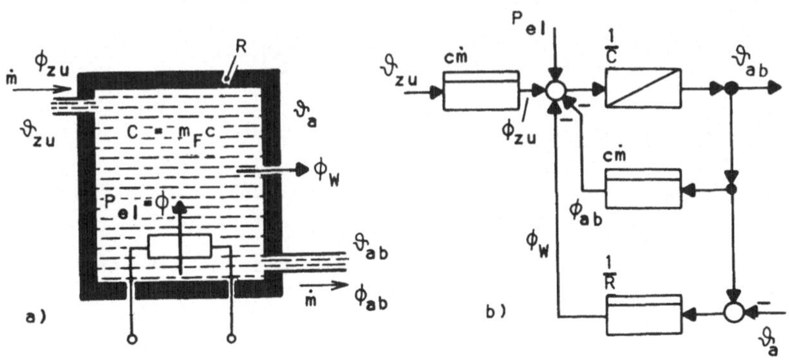

Bild 43   Elektrische Erwärmung einer strömenden Flüssigkeit
(a) und zugehöriger Wirkungsplan (b)

mit sich; von der abfließenden Flüssigkeit wird entsprechend
der Wärmestrom

$$\phi_{ab} = c\dot{m}\vartheta_{ab}$$

mitgeführt. Durch die Außenwand geht der Wärmestrom

$$\phi_W = \frac{1}{R}(\vartheta_{ab} - \vartheta_a)$$

verloren, so daß nur der Wärmestrom

$$\Delta\phi = P_{el} + \phi_{zu} - \phi_{ab} - \phi_W$$

zur Aufheizung der Flüssigkeit zur Verfügung steht. Dieser
Wärmestrom ergibt integriert den Wärmeinhalt Q , der der
Flüssigkeitstemperatur ϑ_{ab} proportional ist. Damit erhält
man den Wirkungsplan von Bild 43 b, aus dem sich die Übertragungsfunktion ableiten läßt

$$F(s) = \frac{\Delta\vartheta_{ab}(s)}{\Delta P_{el}(s)} = \frac{\dfrac{R}{1 + c\dot{m}R}}{1 + \dfrac{CR}{1 + c\dot{m}R}\, s}$$

(P-T_1-Verhalten). Normalerweise ist der Wärmestrom ϕ_W zu
vernachlässigen ($R \rightarrow \infty$), so daß

$$F(s) \approx \frac{1/(c\dot{m})}{1 + Cs/(c\dot{m})} = \frac{1/(c\dot{m})}{1 + m_F s/\dot{m}}$$

wird.

Als Störübertragungsfunktion erhält man entsprechend

$$F_z(s) = \frac{\Delta\vartheta_{ab}(s)}{\Delta\vartheta_{zu}(s)} \approx \frac{1}{1 + m_F s/\dot{m}}$$

1.5 Mechanische Übertragungsglieder

Beispiel 8 : Es sollen die Übertragungsfunktionen der
mechanischen Systeme von Bild 44 ermittelt werden.

a) Bei dem System von Bild 44 a seien die Auslenkungen b_e
und b_a Eingangs- und Ausgangsgröße. Die zur Auslenkung
erforderliche Kraft F_K verursacht die Dehnung $b_e - b_a$
der rechten Feder (Inverse Federkonstante nB). Nach dem
Hookeschen Gesetz gilt

$$F_K = \frac{1}{nB}(b_e - b_a)$$

Diese Kraft teilt sich in zwei Teilkräfte F_F und F_R .

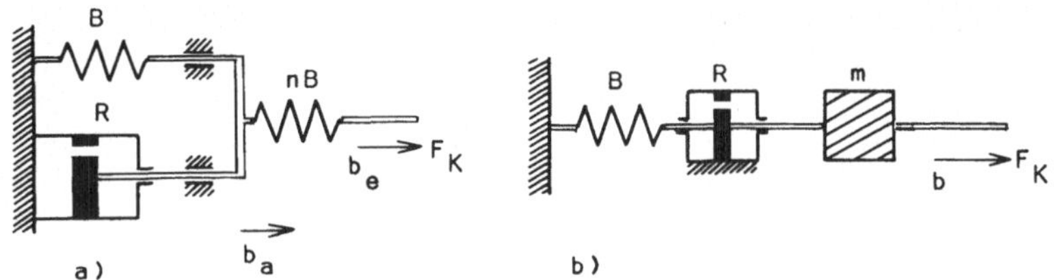

Bild 44   Zwei mechanische Systeme

$$F_K = F_F + F_R$$

mit $\qquad F_F = \dfrac{1}{B}\, b_a \quad$ und $\qquad F_R = R\, \dot{b}_a$

die auf die linke Feder (inverse Federkonstante B) und auf
den mit ihr starr verbundenen Dämpfungstopf (Dämpfungswiderstand R) wirken. Aus diesen Beziehungen leitet sich die Übertragungsfunktion

$$F(s) = \frac{b_a(s)}{b_e(s)} = \frac{\dfrac{1}{1+n}}{1 + \dfrac{nBR}{1+n}\, s}$$

(mit P-T$_1$-Verhalten) ab.

b) Für das System von Bild 44 b sei die Eingangsgröße die
Kraft F_K und die Auslenkung b die Ausgangsgröße. Die
Kraft

$$F_K = F_F + F_R + F_B$$

hält sich die Waage mit der Federkraft

$$F_F = \frac{1}{B}\, b$$

der Reibungskraft des Dämpfungstopfes

$$F_R = R\, \dot{b}$$

und der Beschleunigungskraft

$$F_B = m\, \ddot{b}$$

Daraus erhält man die Übertragungsfunktion (P-T$_2$-Verhalten)

$$F(s) = \frac{b(s)}{F_K(s)} = \frac{B}{1 + BRs + mBs^2}$$

1.6 Hydraulische Übertragungsglieder

<u>Beispiel 9</u> : Passives hydraulisches Übertragungsglied

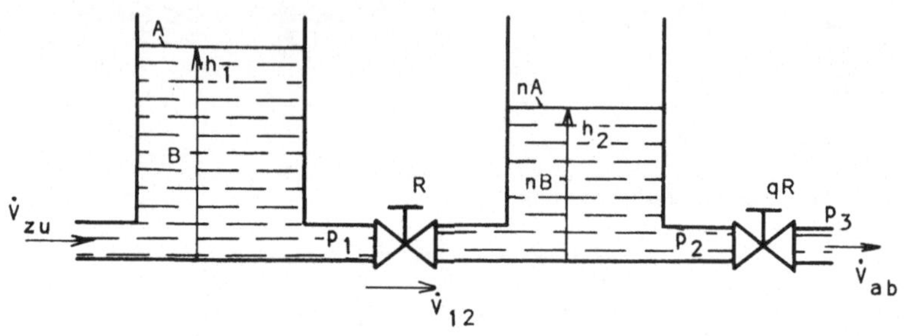

Bild 45   Kaskade aus zwei Behältern

Zwei zylindrische Flüssigkeitsbehälter sind über eine Rohrleitung mit einer Drosselstelle miteinander verbunden; deren
Hydraulischer Widerstand sei R (dabei sei die Drosselwir-
kung der Rohrleitung bereits berücksichtigt). In den ersten
Behälter (s. Bild 45) wird der Volumenstrom $\dot{V}_{zu}$ gepumpt.
Die Behälter haben die Querschnitte A und nA ; sie seien
bis zur Höhe h_1 bzw. h_2 gefüllt. An ihren Grundflächen
herrschen die Drücke p_1 und p_2 . Aus dem zweiten Behälter
fließt über eine weitere Drosselstelle (Hydraulischer Widerstand qR) der Volumenstrom $\dot{V}_{ab}$ weiter; hinter dieser
Drosselstelle herrscht der Druck p_3 , der von keiner anderen Größe des Systems abhängt. Die Strömung sei an allen
Stellen laminar.
Es sollen der Wirkungsplan mit $\dot{V}_{zu}$ als Eingangsgröße und
$\dot{V}_{ab}$ als Ausgangsgröße ermittelt werden. Ferner soll die
Störübertragungsfunktion (Druck p_3 als Störgröße) bestimmt
werden.

Führt man noch das Formelzeichen $\dot{V}_{12}$ für den Volumenstrom
zwischen den beiden Behältern ein, so gilt

$$\dot{V}_{zu} - \dot{V}_{12} = A \, \frac{dh_1}{dt}$$

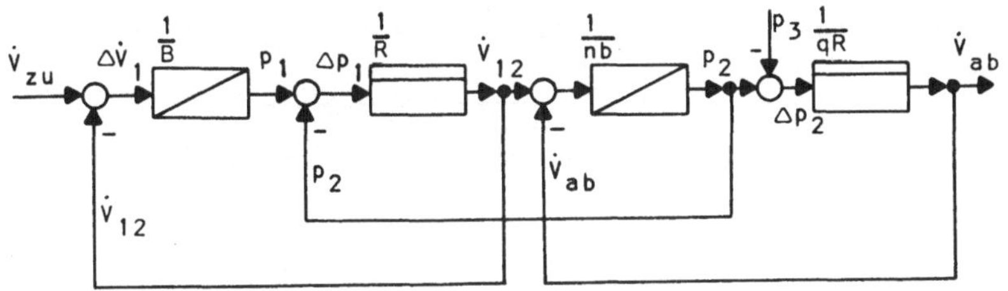

Bild 46   Wirkungsplan des passiven hydraulischen Systems
von Beispiel 9

oder

$$h_1 = \frac{1}{A} \int (\dot{V}_{zu} - \dot{V}_{12})\, dt$$

Ist ϱ die Dichte der Flüssigkeit und g die Erdbeschleu-
nigung, so gilt

$$p_1 = g\varrho\, h_1$$

und somit

$$p_1 = \frac{g\varrho}{A} \int (\dot{V}_{zu} - \dot{V}_{12})\, dt$$

Der Quotient aus dem Behälterquerschnitt A und dem Produkt
$g\varrho$ ist die Hydraulische Kapazität B des Behälters.

$$B = \frac{A}{g\varrho}$$

Damit lautet diese Gleichung

$$p_1 = \frac{1}{B} \int (\dot{V}_{zu} - \dot{V}_{12})\, dt$$

Ganz entsprechend ergibt sich

$$p_2 = \frac{1}{nB} \int (\dot{V}_{12} - \dot{V}_{ab})\, dt$$

Ferner gilt $\dot{V}_{12} = \frac{1}{R}(p_1 - p_2)$ und $\dot{V}_{ab} = \frac{1}{qR}(p_2 - p_3)$

Diese Beziehungen ergeben den Wirkungsplan von Bild 46.
Zur Bestimmung der Übertragungsfunktion

$$F(s) = \Delta\dot{V}_{ab}(s)/\Delta\dot{V}_{zu}(s)$$

kann die Größe p_3 außer Betracht bleiben. Dann kann nach [2],
Abschn. 5.2 (Bild 62 d) die Verzweigungsstelle der Größe p_2
nach rechts und nach Bild 62 b die zweite Additionsstelle
nach links verlagert werden. Dabei entsteht eine Rückführung
vom Ausgang zum Eingang, in der ein P-Glied mit dem Proportionalbeiwert qR und ein D-Glied mit dem Differenzierbeiwert B

liegen. Nach den bekannten Regeln erhält man die Übertragungsfunktion

$$F(s) = \frac{\Delta \dot{V}_{ab}(s)}{\Delta \dot{V}_{zu}(s)} = \frac{\dfrac{1}{1 + BRs} \cdot \dfrac{1}{1 + nqBRs}}{1 + \dfrac{1}{1 + BRs} \cdot \dfrac{1}{1 + nqBRs} \cdot qBRs}$$

$$= \frac{1}{1 + (1 + nq + q)BRs + nq\, B^2R^2s^2}$$

$(P-T_2-\text{Verhalten})$

Zur Berechnung der Störübertragungsfunktion muß zunächst im
Wirkungsplan von Bild 46 die letzte Additionsstelle $(p_2 - p_3)$
nach [2], Bild 62 a nach rechts verlagert und anschließend
nach Bild 62 e mit der letzten Verzweigungsstelle vertauscht
werden. Führt man jetzt die gleichen Umformungen wie bei der
Ermittlung der Übertragungsfunktion F(s) durch, entsteht
der Wirkungsplan von Bild 47.

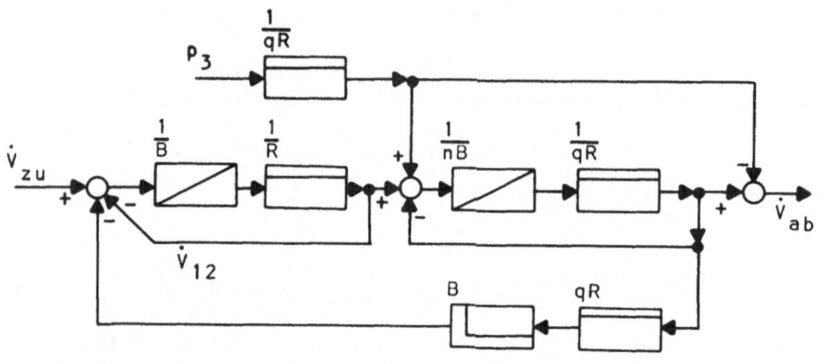

Bild 47 Umformung des Wirkungsplans von Bild 46

Der Druck p_3 ist Eingangsgröße; zur Bestimmung der Störübertragungsfunktion bleibt die Eingangsgröße $\dot{V}_{zu}$ unberücksichtigt. Nach den bekannten Regeln erhält man für

$$F_z(s) = \Delta \dot{V}_{ab}(s)/\Delta p_3(s)$$

$$F_z(s) = \frac{\Delta \dot{V}_{ab}(s)}{p_3(s)} = \frac{1}{qR}\left[\frac{\dfrac{1}{1 + nqBRs}}{1 + \dfrac{1}{1 + nqBRs}\, qBRs\, \dfrac{1}{1 + BRs}} - 1\right]$$

oder nach einigen Umformungen

$$F_z(s) = \frac{\Delta \dot{V}_{ab}(s)}{p_3(s)} = -\frac{(1 + n)\, Bs\, (1 + \dfrac{n}{1 + n}\, BRs)}{1 + (1 + nq + q)BRs + nqB^2R^2s^2}$$

Gegenüber der Störgröße p_3 hat das System $D-(PD)-T_2$-Verhalten.

Beispiel 10 : Übertragungsverhalten eines hydraulischen Stellgliedes mit mechanischer Rückführung.

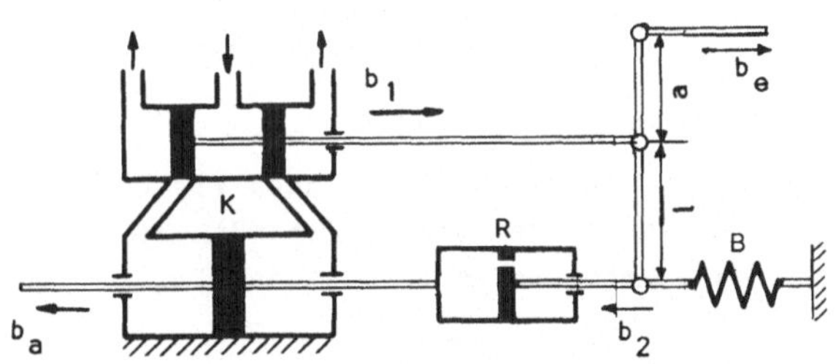

Bild 48 Hydraulisches Stellglied mit mechan. Rückführung

In der Anordnung von Bild 48 sind die Eingangsgröße b_e und die Ausgangsgröße b_a ebenso wie die Hilfsgrößen b_1 und b_2 Auslenkungen. Der Hebel habe die Teillängen l und a , die inverse Federkonstante sei B und der Dämpfungswiderstand R ; K sei der gemeinsame Übertragungsbeiwert des Steuer- und des Stellzylinders.

Um das Übertragungsverhalten zu ermitteln, müssen die einzelnen Elemente getrennt untersucht werden. Man kann sich leicht überlegen, daß eine konstante Eingangsgröße b_1 am Steuerzylinder eine stetig wachsende Ausgangsgröße b_a am Stellzylinder zur Folge haben muß. Demnach bilden beide Zylinder zusammen ein I - Glied mit der Übertragungsfunktion

$$F_{St}(s) = \frac{b_a(s)}{b_1(s)} = \frac{K}{s}$$

Die Kräfte, die im Feder-Dämpfungsglied der Rückführung wirksam sind, stehen miteinander im Gleichgewicht. Die Federkraft

$$F_F = \frac{1}{B} \Delta b_F$$

ist der Längenänderung Δb_F proportional, die Dämpfungskraft

$$F_R = R \Delta \dot{b}_R$$

der Geschwindigkeit der Längenänderung Δb_R . Nach Bild 48 ist

$$\Delta b_F = b_2 \quad \text{und} \quad \Delta b_R = b_a - b_2$$

zu setzen. Wegen $F_R = F_F$ erhält man als Übertragungsfunktion der Rückführung

$$F_2(s) = \frac{b_2(s)}{b_a(s)} = \frac{BRs}{1 + BRs}$$

Es handelt sich um ein $D-T_1$-Glied.

Zur Untersuchung der Hebelbewegung denken wir uns zunächst das obere Ende festgehalten. Die Hilfsgröße b_1 nehme dann den Wert b_{11} an. Nach den Strahlensätzen ist

$$b_{11} = \frac{l}{a + l} b_e$$

Entsprechend gilt, wenn das untere Ende festgehalten wird, für $b_1 = b_{12}$

$$b_{12} = - \frac{a}{a + l} b_2$$

Nach dem Überlagerungsprinzip können beide Anteile zusammengefaßt werden zu $b_1 = b_{11} + b_{12}$

$$b_1 = \frac{1}{a + l}(lb_e - ab_2)$$

Damit ergibt sich der Wirkungsplan von Bild 49 und daraus die Übertragungsfunktion

$$F(s) = \frac{b_a(s)}{b_e(s)} = K_P \frac{1 + \frac{1}{T_n s}}{1 + Ts}$$

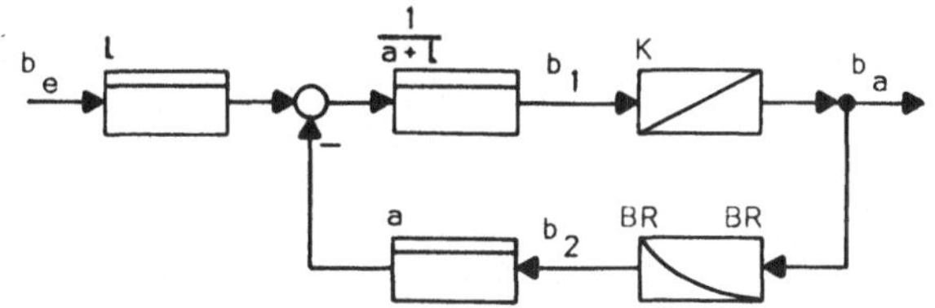

Bild 49   Wirkungsplan des hydraulischen Stellgliedes

Es handelt sich um ein (PI)-T_1-Glied mit dem Proportionalbeiwert

$$K_P = \frac{lBKR}{a + l + aBKR}$$

der Nachstellzeit $T_n = BR$

und der Zeitkonstanten

$$T = \frac{(a + l)BR}{a + l + aBKR}$$

<u>Aufgabe 36</u> : In Bild 48 werden Feder und Dämpfungstopf
vertauscht. Gegeben sind die folgenden Werte:

   a = 30 cm   l = 20 cm   K = 10/sec

          R = 100 Nsec/cm   B = 0,0025 cm/N

Es ist die Übertragungsfunktion des veränderten hydraulischen
Stellgliedes zu bestimmen; alle Kenngrößen sind zu berechnen.

<u>1.7 Pneumatische Übertragungsglieder</u>

<u>Beispiel 11</u> : Passives pneumatisches Übertragungsglied

Es sollen der Wirkungsplan und die Übertragungsfunktion des
passiven pneumatischen Übertragungsgliedes von Bild 50 bestimmt werden. Eingangsgröße ist der Druck p_1 , Ausgangsgröße die Auslenkung b .

Das System von Bild 50 besteht aus zwei gegeneinander
gesetzten Federbälgen (mit den Innendrücken p_1 und p_2),
einer Luftdrossel (mit dem Pneumatischen Widerstand R) und
einem Zusatz-Luftbehälter.

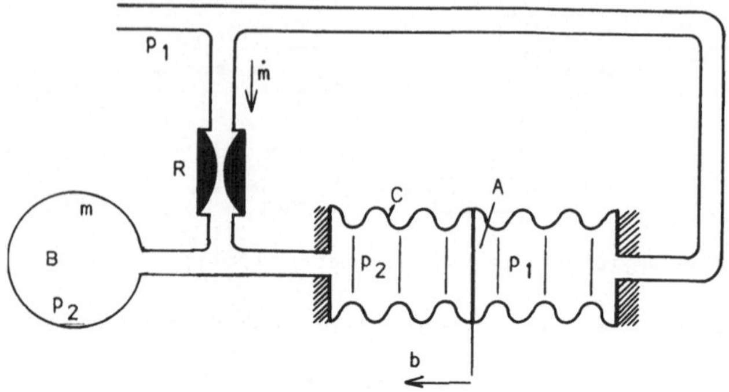

Bild 50   Passives pneumatisches Übertragungsglied

Der Zusatz-Luftbehälter und der linke Federbalg haben zusammen
das Volumen V ; die Summe der in ihnen enthaltenen Luftmassen sei m . Die Federbälge haben beide den gleichen
(unveränderlichen) Querschnitt A . Die linke und die rechte
Deckfläche sind unbeweglich; nur die mittlere Trennfläche
kann unter dem Einfluß der Innendrücke p_1 und p_2 ihre
Lage ändern.

Diesen Druckkräften wirkt die Federkraft der Bälge entgegen;
ist C die gemeinsame Federkonstante beider Bälge, so gilt

$$A (p_1 - p_2) = C b$$

Dem Differenzdruck $p_1 - p_2$ ist ferner der Luftmassenstrom

$$\dot{m} = \frac{1}{R} (p_1 - p_2)$$

proportional. Für die im linken Balg und im Zusatzbehälter
eingeschlossene Luft gilt die Zustandsgleichung für Gase

$$p_2 V = m R_L T$$

Dabei ist

$$R_L = 287 \ J/(kg \ K)$$

die Gaskonstante der Luft und T die Thermodynamische
(absolute) Temperatur.

Die Zustandsgleichung ist nichtlinear, da außer der Gaskon-

stanten R_L alle Größen veränderlich sind. Wenn wir nun
annehmen, daß der Wärmeaustausch mit der Umgebung sehr gut
ist, können wir die Temperatur T als konstant ansehen.
Da die auftretende Änderung des Federbalgvolumens sehr viel
kleiner als das gemeinsame Volumen V von Federbalg im Ruhe-
zustand und Zusatzbehälter ist, können wir auch das gemeinsame Volumen als konstant ansehen. Dadurch wird die Zustandsgleichung näherungsweise linear.
Durch Einführung der Pneumatischen Kapazität

$$B = \frac{V}{R_L T}$$

erhält sie die Form

$$P_2 = \frac{1}{B} m$$

Aus den geschilderten Zusammenhängen und der Tatsache, daß
sich die Masse m durch den Zustrom $\dot{m}$ ändert, erhalten wir
den Wirkungsplan von Bild 51.

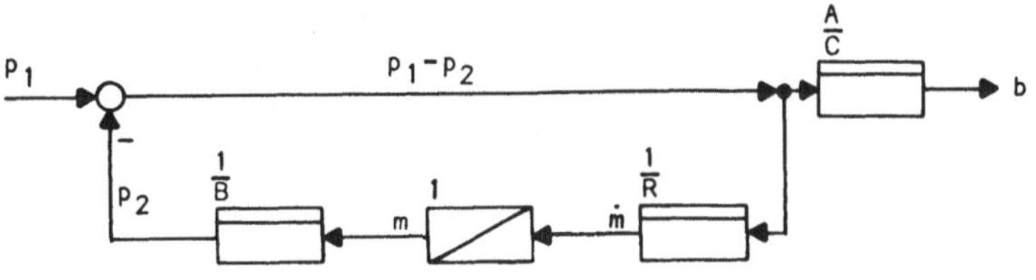

Bild 51   Wirkungsplan des pneumatischen Übertragungsgliedes
von Bild 50

Daraus ergibt sich die Übertragungsfunktion (D-T_1-Verhalten)

$$F(s) = \frac{b(s)}{P_1(s)} = \frac{A}{C} \frac{BRs}{1 + BRs}$$

<u>Aufgabe 37</u> : Im System von Beispiel 11 werden die Querschnitte der beiden Federbälge unterschiedlich gewählt (gA links und A rechts). Es ist die Übertragungsfunktion $F(s) = b(s)/p_1(s)$ zu ermitteln.

<u>Beispiel 12</u> : Pneumatischer Regelverstärker

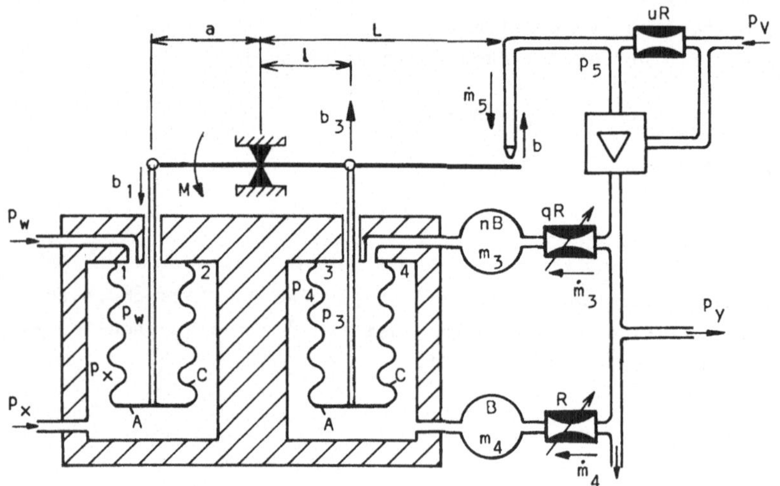

Bild 52   Pneumatischer Regelverstärker

Es sollen der Wirkungsplan und die Übertragungsfunktion des pneumatischen Regelverstärkers von Bild 52 bestimmt werden. Eingangsgröße ist der Differenzdruck (Regeldifferenz) $p_W - p_X$ zwischen Innendruck p_W und Außendruck p_X des linken Federbalgs; Ausgangsgröße sei der Druck p_y (Stellgröße).

Der Regelverstärker enthält zwei gleiche Differenzdruck-Federbälge mit den Querschnitten A und den Federkonstanten C der Bälge. Auf ihre Grundflächen wirken jeweils die Differenzdrücke $p_W - p_X$ bzw. $p_3 - p_4$ zwischen Innen- und Außenraum des betreffenden Balges.

Die Federbälge sind über einen Waagebalken mit verstellbarem
Drehpunkt (Hebellängen a, l und L) miteinander verbunden;
sein rechtes Ende steuert ein Düse-Prallplatte-System, das
über eine fest eingestellte Vordrossel mit dem Pneumatischen
Widerstand uR gespeist wird. Der Regelverstärker enthält
außerdem zwei Zusatz-Luftbehälter, zwei verstellbare Luftdrosseln (Pneumatische Widerstände R und qR) und einen
Trennverstärker. Der Trennverstärker überträgt Druckänderungen unverändert vom Eingang auf den Ausgang. Er liefert bei
minimaler Luftmassenstromaufnahme am Eingang den jeweils
erforderlichen großen Luftmassenstrom am Ausgang.

$$\Delta p_y = \Delta p_5$$

Da wir nur Druckänderungen betrachten, dürfen wir schreiben

$$p_y = p_5$$

Die Leistungsversorgung des Trennverstärkers und damit des
Regelverstärkers erfolgt mit dem Hilfsdruck p_V.
Der aus der Düse austretende Luftmassenstrom $\dot{m}_5$ ist dem
Negativwert -b des Abstandes zwischen Düse und Prallplatte
und dem Druck p_y nahezu proportional

$$\dot{m}_5 \sim p_y(-b)$$

Diese Beziehung beschreibt ein nichtlineares Verhalten; nehmen wir jedoch an, daß der Druck sich nur geringfügig ändert,
so können wir in der obigen Beziehung p_y näherungsweise
als konstant ansehen, so daß Proportionalität zwischen $\dot{m}_5$
und -b besteht. Bezeichnen wir den Proportionalbeiwert mit
 K , so gilt
$$\dot{m}_5 \approx -Kb$$

Der Druckabfall
$$p_V - p_y = uR\dot{m}_5$$

ist ebenfalls dem Massenstrom $\dot{m}_5$ proportional.

Die Druckkraft des linken Federbalgs erzeugt am Waagebalken
das Moment
$$M_e = aA(p_w - p_x)$$

Das entsprechende Moment des zweiten Federbalgs ist im

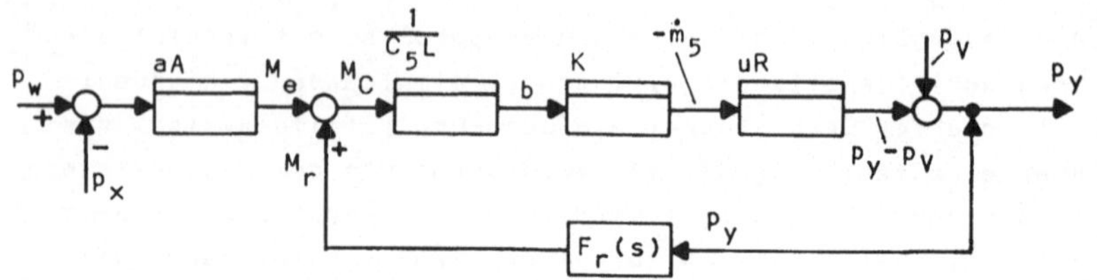

Bild 53   Vorläufiger Wirkungsplan des pneumatischen
Regelverstärkers

Frequenzbereich durch die Beziehung

$$M_r(s) = F_r(s) \cdot p_y(s)$$

gegeben. Dabei ist $F_r(s)$ die Übertragungsfunktion der Rückführung. Diesen Momenten wirken die Federkräfte der Federbälge entgegen. Sind b_1 und b_3 die entsprechenden Auslenkungen des Waagebalkens, so erzeugen die Bälge zusammen
das Moment

$$M_C = -C(a \cdot b_1 + l \cdot b_3) = -C \frac{a^2 + l^2}{L} b = -C_5 Lb$$

mit

$$C_5 = \frac{a^2 + l^2}{L^2} C$$

Die Summe aller drei Momente muß stets gleich null sein

$$M_e + M_r + M_C = 0$$

Damit ergibt sich der Wirkungsplan von Bild 53.

Die Luftmassenströme durch die Luftdrosseln in der Rückführung sind den Druckdifferenzen proportional

$$\dot{m}_3 = \frac{1}{qR} (p_y - p_3)$$

$$\dot{m}_4 = \frac{1}{R} (p_y - p_4)$$

Für die Luftmassen m_3 und m_4 ergibt sich aus den
Zustandsgleichungen

$$m_3 = nBp_3 \quad \text{und}$$

$$m_4 = Bp_4$$

Dabei sind B und nB die Pneumatischen Kapazitäten der

jeweiligen Parallelschaltungen von Zusatzluftbehälter und
Federbalginnenraum (s. Beispiel 11).
Da die Luftströme $\dot{m}_3$ und $\dot{m}_4$ den Luftmassen m_3 und m_4
zuströmen, gilt

$$m_3 = \int \dot{m}_3 dt \qquad\qquad m_4 = \int \dot{m}_4 dt$$

Da die Druckkraft im rechten Federbalg das Moment

$$M_r = lA(p_4 - p_3)$$

erzeugt, ergibt sich für die Rückführung der Wirkungsplan von
Bild 54.

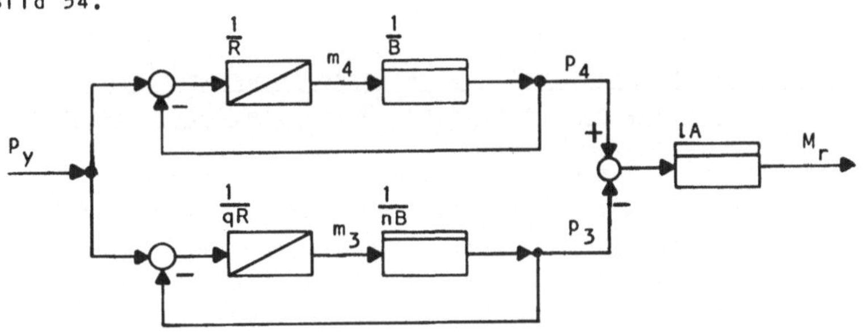

Bild 54   Wirkungsplan der Rückführung im pneumatischen
Regelverstärker

Aus dem Wirkungsplan von Bild 53 ergibt sich zunächst die
Übertragungsfunktion

$$F(s) = \frac{p_y(s)}{p_w(s) - p_x(s)} = aA \; \frac{\dfrac{uKR}{C_5 L}}{1 - \dfrac{uKR}{C_5 L} \cdot F_r(s)}$$

Die Übertragungsfunktion der Rückführung ergibt sich aus dem
Wirkungsplan von Bild 54

$$F(s) = \frac{M_r(s)}{p_y(s)} = \left[\frac{\dfrac{1}{BRs}}{1 + \dfrac{1}{BRs}} - \frac{\dfrac{1}{nqBRs}}{1 + \dfrac{1}{nqBRs}} \right] lA$$

$$= \frac{lA(nq - 1)BRs}{(1 + BRs) \cdot (1 + nqBRs)}$$

Da das Düse-Prallplatte-System eine sehr hohe Verstärkung
besitzt, ist die Übertragungsfunktion des Regelverstärkers
im wesentlichen gleich der reziproken Übertragungsfunktion
der Rückführung (s. [2] , Abschn. 5.1). Damit wird

$$F(s) = \frac{p_y(s)}{p_w(s) - p_x(s)} \approx \frac{aA}{F_r(s)} = \frac{a}{l} \cdot \frac{(1 + BRs)(1 + nqBRs)}{(nq - 1)BRs}$$

Der Regelverstärker hat näherungsweise I-(PD)-(PD)- und damit PID-Verhalten.

1.8 Umformungen zwischen äquivalenten mathematischen Beschreibungen (Hinweise auf Beispiele und Aufgaben)

Das Verhalten linearer Übertragungsglieder wird in der Regel
durch den Wirkungsplan, die Zeitgleichung (Differential-
gleichung), die Übertragungsfunktion (bzw. Frequenzgang) oder
die Übergangsfunktion beschrieben. Umformungen zwischen die-
sen Darstellungsarten finden sich in diesem Hauptabschnitt :
Vom Wirkungsplan zur Übertragungsfunktion :
   In den Beispielen 2; 4 bis 7; 9 bis 12 sowie in den Auf-
   gaben 1, 2; 10 bis 12; 33 bis 35.
Zwischen Zeitgleichung und Übertragungsfunktion :
   In den Aufgaben 18 bis 23.
Von der Übertragungsfunktion zur Übergangsfunktion :
   In den Aufgaben 16, 17; 18 bis 23.

2. Statische Dimensionierung von Regelkreisen

Unter dem statischen Verhalten eines Regelkreises versteht man das Verhalten nach Abklingen aller Einschwingvorgänge (s. [2], Abschn. 2.1). In der statischen Berechnung werden die Arbeitspunkte der einzelnen Übertragungsglieder festgelegt; sie ist im allgemeinen der erste Schritt bei der Dimensionierung einer Regeleinrichtung.

<u>Beispiel 13</u> : Regelung einer Vorlauftemperatur.

Eine von der Außentemperatur ϑ_a (in Störgrößenaufschaltung) gesteuerte Vorlauftemperaturregelung für eine Warmwasserheizung hat den Wirkungsplan von Bild 55.

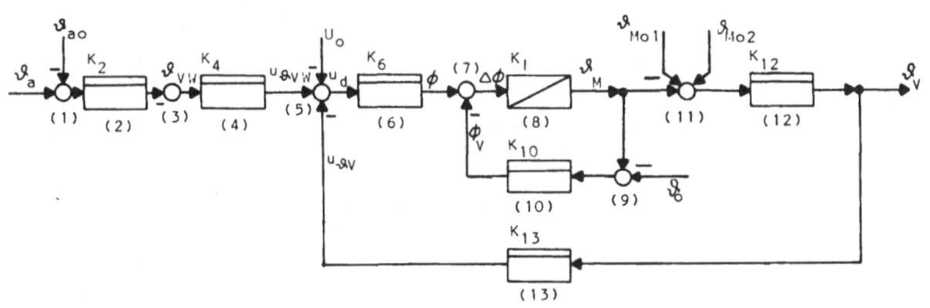

Bild 55 Wirkungsplan einer Vorlauftemperaturregelung

Dabei sind :

ϑ_a die Außentemperatur   (Temperaturen in der

ϑ_V die Vorlauftemperatur   Celsius-Skala)

ϑ_{VW} der Sollwert der Vorlauftemperatur

$u_{\vartheta V}$ zu ϑ_V proportionale Spannung

$u_{\vartheta VW}$ zu ϑ_{VW} proportionale Spannung

ϕ Wärmestrom zum thermohydraulischen Stellmotor

ϑ_M Temperatur des Stellmotors

ϑ_o Temperatur der Umgebung des Stellmotors (Kesselraumtemperatur)

ϕ_V Verlustwärmestrom des Stellmotors

ϑ_{ao} , ϑ_{Mo1} , ϑ_{Mo2} und U_o Justierungs-Grundwerte

Die numerierten Blöcke und Additionsstellen im Wirkungsplan von Bild 55 geben die folgenden Funktionen der Anlage
wieder :

1 bis 4 :   Aus der Außentemperatur ϑ_a wird die Spannung $u_{\vartheta_{VW}}$ gebildet, die dem Sollwert ϑ_{VW} proportional ist.

5 :   Sollwert-Istwert-Vergleich

6 :   Der Regelverstärker gibt die elektrische Heizleistung P_{el} (gleich dem Wärmestrom ϕ) frei, die
proportional der Regeldifferenz u_d ist.

7 und 8 :   Der Wärmestrom ϕ - vermindert um den Verlust-
Wärmestrom ϕ_V - erwärmt den Stellmotor auf die
Temperatur ϑ_M (s. Beispiele 5 und 6).

9 und 10 :   Der Verlustwärmestrom ϕ_V ist der Übertem-
peratur ϑ_M - ϑ_o proportional.

11 :   Eingabe der Grundwerte

12 :   Über die Temperatur ϑ_M des Stellmotors wird das
Mischventil verstellt und damit das Mischungsver-
hältnis zwischen den Wasserströmen aus dem Kessel-
vorlauf und dem Anlagenrücklauf verändert. Dadurch
wird die Wassertemperatur ϑ_V des Anlagenvorlaufs
beeinflußt.

13 :   Diese Temperatur wird elektrisch gemessen und somit eine ihr proportionale Spannung u_{ϑ_V} erzeugt.

Die Anlage soll in einem Temperaturbereich arbeiten, der in
Bild 56 durch den stark ausgezogenen Teil der Kennlinie
gekennzeichnet ist. Dieser verläuft zwischen dem sogenannten
Winterpunkt W_1 und dem Sommerpunkt S_1 ; der Verlauf sei
geradlinig.

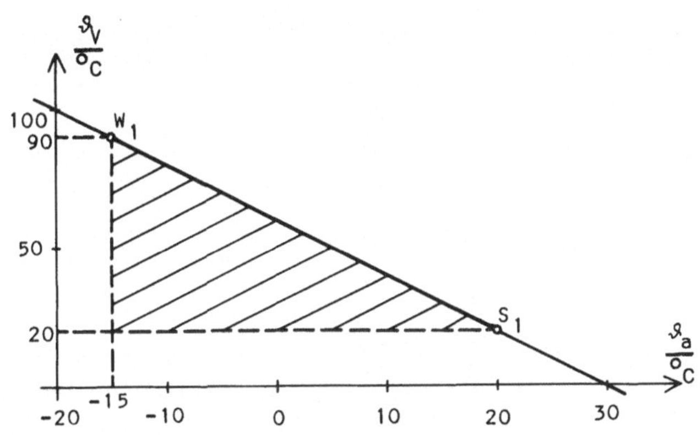

Bild 56 Kennlinie der Vorlauftemperaturregelung von
Beispiel 13

Gegeben seien die Daten :

Kreisverstärkung K_o = 19   (s. [2], Abschn. 2.1)

Proportionalbeiwert des Istwertfühlers

K_{13} = 0,1 V/K

Maximale Änderung ϕ_h der Heizleistung   (Stellbereich)

ϕ_h = 28 W

Proportionalbeiwert der Wärmeisolierung des Stellmotors

K_{1o} = 0,2 W/K

Zu ermitteln sind :

a) Die Führungsübertragungsfunktion

$$F_w(s) = \Delta\vartheta_v(s)/\Delta\vartheta_a(s)$$

b) Die Proportionalbeiwerte K_2 , K_4 , K_6 und K_{12} .
Sie sind so zu bestimmen, daß die durch Änderung der
Führungsgröße ϑ_{vw} entstehende Regeldifferenz kompen-
siert wird.

c) Die bei der Kesselraumtemperatur ϑ_o = 30° C   erforderlichen Justierungs-Korrekturwerte.

a) Nach den bekannten Regeln ergibt sich aus dem Wirkungsplan von Bild 56 die Führungsübertragungsfunktion

$$F_w(s) = \frac{\Delta\vartheta_v(s)}{\Delta\vartheta_a(s)} = - \frac{\dfrac{K_2 K_4 K_6 K_{12}}{K_6 K_{12} K_{13} + K_{10}}}{1 + \dfrac{s}{K_I(K_6 K_{12} K_{13} + K_{10})}}$$

b) Aus der Kennlinie von Bild 56 läßt sich entnehmen, daß eine Änderung $\Delta\vartheta_a = 35$ K der Außentemperatur in der Vorlauftemperatur eine Änderung $\Delta\vartheta_v = - 70$ K bewirken soll. Da die Vorzeichenumkehr (3) außerhalb des Blockes (2) liegt, folgt

$$K_2 = 70 \text{ K}/35 \text{ K} = 2$$

Der statische Verstärkungsfaktor zwischen Sollwert ϑ_{vw} und Istwert ϑ_v der Vorlauftemperatur soll gleich 1 werden

$$\frac{K_4 K_6 K_{12}}{K_6 K_{12} K_{13} + K_{10}} = 1 \tag{6}$$

Aus der Kreisübertragungsfunktion

$$F_o(s) = \frac{K_6 K_{12} K_{13}/K_{10}}{1 + s/(K_I K_{10})}$$

erhält man für $s = 0$ die Kreisverstärkung

$$K_o = K_6 K_{12} K_{13}/K_{10}$$

Damit wird

$$K_6 K_{12} = \frac{K_o K_{10}}{K_{13}} = \frac{19 \cdot 1 \text{ W} \cdot 10 \text{ K}}{5 \text{ K} \cdot 1 \text{ V}} = 38 \text{ A} \tag{7}$$

Zusammen mit Gl. (6) ergibt sich

$$K_4 = \frac{K_6 K_{12} K_{13} + K_{10}}{K_6 K_{12}} = 0{,}105 \text{ V/K}$$

Mit diesem Wert verschwindet die durch Änderungen der Führungsgröße verursachte Regeldifferenz.

Zur Bestimmung des Proportionalbeiwertes K_6 berechnen wir zunächst die Führungsübertragungsfunktion der Regeldifferenz

$$F_d(s) = \frac{\Delta u_d(s)}{\Delta u_{\vartheta_{vw}}(s)} = \frac{K_I K_{10} + s}{K_I K_{10} + K_I K_6 K_{12} K_{13} + s}$$

Für $s = 0$ wird

$$F_d(0) = \frac{1}{1 + K_6 K_{12} K_{13}/K_{10}} = \frac{1}{1 + K_o} = r = 0{,}05$$

wobei r der Regelfaktor nach [2], Abschn. 2.1. ist.
Somit gilt statisch

$$\Delta u_d = r \Delta u_{\vartheta vw}$$

und

$$K_6 = \frac{\Delta\phi}{\Delta u_d} = \frac{\Delta\phi}{r \Delta u_{\vartheta vw}} = \frac{\Delta\phi}{r K_4 \Delta\vartheta_{vw}}$$

Setzen wir für $\Delta\phi$ und $\Delta\vartheta_{vw}$ ihre maximalen Änderungen $\phi_h = 28$ W und 70 K (nach Bild 56) ein, so erhalten wir

$$K_6 = 76 \text{ A}$$

und nach Gl. (7) $\qquad K_{12} = 0,5$

c) Um den Wirkungsplan überschaubarer zu machen , sind die Korrekturwerte ϑ_{ao}, ϑ_{Mo1} und ϑ_{Mo2} in Bild 56 als Temperaturen dargestellt. Tatsächlich wird ϑ_{ao} in Form einer Spannung an der Additionsstelle (5) eingeführt; ϑ_{Mo1} wird als Nullpunktsverschiebung im Stellwinkel des Mischventils berücksichtigt. Die Korrekturwerte ϑ_{Mo2} und U_o seien hier null (sie werden erst in der folgenden Aufgabe 38 benötigt).

Verlängert man die Kennlinie von Bild 56 über den Arbeitsbereich der Regelung hinaus, so wird die Vorlauftemperatur $\vartheta_v = 0^\circ$ C bei der Außentemperatur $\vartheta_a = + 30^\circ$ C erreicht. Als Korrekturwert der Außentemperatur ϑ_a ist demnach

$$\vartheta_{ao} = 30 \text{ K}$$

zu wählen; damit ist ein Punkt der Kennlinie festgelegt. Das Steigungsmaß der Kennlinie wurde bereits durch Festlegen des Proportionalbeiwertes K_4 eingestellt.
Um den Einfluß der Kesselaußentemperatur $\vartheta_o = 30^\circ$ C aufzuheben, ist ein Korrekturwert

$$\vartheta_{Mo1} = 30 \text{ K}$$

erforderlich.

Die weitere Berechnung sei als Aufgabe gestellt (Aufg. 38)

<u>Aufgabe 38</u> : Regelung einer Vorlauftemperatur (Fortsetzung).

Für die im Beispiel 13 behandelte Regelung ist bzw. sind
a) eine Tabelle der statischen Werte der Größen $\vartheta_a - \vartheta_{ao}$,

ϑ_{VW} , $u_{\vartheta VW}$, ϑ_V , $u_{\vartheta V}$, u_d , ϕ , ϑ_M und ϕ_V für die
Außentemperaturen ϑ_a = - 15° C, 0° C und + 20° C auf-
zustellen. Dabei ist zunächst anzunehmen, daß die Vorlauftemperatur ϑ_V ihren Sollwert vollständig erreicht. Der
Wert der maximalen Änderung ϕ_h der Heizleistung für den
Stellmotor dient zur Kontrolle der Richtigkeit dieser Annahme und der Ergebnisse.

b) die Korrekturwerte U_o und ϑ_{Mo2} so zu bestimmen, daß die
Heizleistung ϕ im Sommerpunkt S_1 null wird.

c) für diese Korrekturwerte eine Tafel wie bei a) aufzustellen

d) die Konstanten des Wirkungsplanes so zu verändern, daß
die geradlinige Kennlinie durch
den Sommerpunkt S_2 ϑ_a = + 10° C , ϑ_V = 20° C und durch
den Winterpunkt W_2 ϑ_a = - 25° C , ϑ_V = 90° C

verläuft (nächtliche Absenkung der Vorlauftemperatur).
Dabei soll auch die unter b) gestellte Forderung für den
neuen Sommerpunkt verwirklicht sein.

e) die Konstanten des Wirkungsplanes so zu verändern, daß
die (geradlinige) Kennlinie durch
den Sommerpunkt S_3 ϑ_a = + 20° C , ϑ_V = 20° C und durch
den Winterpunkt W_3 ϑ_a = - 15° C , ϑ_V = 83° C

verläuft (Schwenkung der Kennlinie bei einer überdimensio-
nierten Heizungsanlage). Auch hier soll die Forderung von
Aufg. b) erfüllt werden.

Aufgabe 39 : Drehzahlregelung eines Gleichstrommotors.

Bild 57 zeigt den Wirkungsplan einer Drehzahlregelung mit
unterlagerter Ankerstromregelung. Regelgröße ist die Winkelgeschwindigkeit ω des Motors, die der Umdrehungsfrequenz
(Drehzahl) proportional ist. Die Formelzeichen i , M_i , M_L ,
M_B und u_{qM} haben die gleiche Bedeutung wie im Beispiel 2.
Ferner sind:

   ω_W der Sollwert der Winkelgeschwindigkeit

   u_ω , $u_{\omega W}$ und u_i zur Winkelgeschwindigkeit ω , zum
        Sollwert ω_W und zum Strom i proportionale

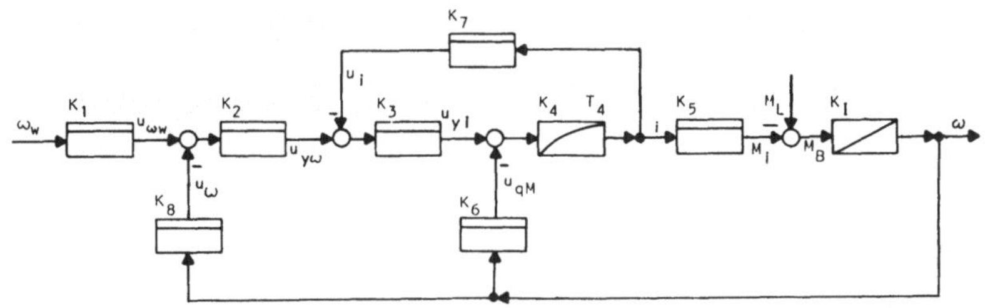

Bild 57 Wirkungsplan der Drehzahlregelung von Aufgabe 39

Spannungen

u_{yi} und $u_{y\omega}$ Ausgangsspannungen (Stellgrößen) des Stromreglers (einschl. Leistungsteil) bzw. des Drehzahl-
reglers.

Drehzahlregler und Stromregler sollen hier P-Regler mit re-
lativ geringen Verstärkungen K_2 und K_3 sein. (In der
Praxis werden meist PI-Regler verwendet.) Die Bedeutung der
übrigen Blöcke ergibt sich aus dem Vergleich mit Beispiel 2.
Gegeben seien die Proportionalbeiwerte

$$K_3 = 25 \qquad K_4 = 1 \text{ A/V} \qquad K_6 = 2 \text{ Vsec}$$

$$K_7 = 1 \text{ V/A} \qquad K_8 = 0,1 \text{ Vsec}$$

sowie die Kreisverstärkung $K_o = 24$

a) Welche physikalische Bedeutung haben die Konstanten K_4 ,
T_4 , K_5 , K_I und K_6? Welchen Wert hat die Konstante K_5?
Ferner sind zu bestimmen :

b) Der Proportionalbeiwert K_2 des Drehzahl-Regelverstärkers

c) Der Proportionalbeiwert K_1 . Dabei soll die durch Änderungen der Führungsgröße ω_w verursachte Regeldifferenz kompensiert werden.

d) der Störübertragungsbeiwert $F_z(0) = \dfrac{\Delta\omega(0)}{\Delta M_L(0)}$

e) die statischen Werte der Größen $u_{\omega w}$, ω, u_ω, $u_{y\omega}$, M_I, M_B, i, u_I, u_{yI} und u_{qM} beim Sollwert $\omega_w = 100/sec$ und beim Lastmoment $M_L = 20$ Nm .

3. Analyse und Synthese von Regelkreisen

__Beispiel 14__: Das Führungsverhalten einer Spannungs-Folgeregelung ist zu untersuchen.

Die Regelung erfolgt mit einem Servomotor, dessen Umdrehungsfrequenz der Differentialgleichung

$$n_M + T_M \dot{n}_M = K_M u_y$$

gehorcht. Dabei ist u_y die Eingangsspannung des Motors (Stellgröße); $K_M = 5 \ min^{-1} V^{-1}$ und $T_M = 0,25 \ sec$ seien der Proportionalbeiwert und die Zeitkonstante des Motors.

Über ein Getriebe und ein Potentiometer stellt der Motor die Ausgangsspannung u_x (Regelgröße) ein. Ihr Zusammenhang mit der Umdrehungsfrequenz n_M des Motors wird durch die Gleichung

$$\dot{u}_x = K_{IG} n_M$$

beschrieben. Dabei sei $K_{IG} = 1,2 \ V$ der Übertragungsbeiwert von Getriebe und Potentiometer. Wird nun der Regelkreis über Vergleicher und Regelverstärker geschlossen, so ergibt sich der Wirkungsplan von Bild 58.

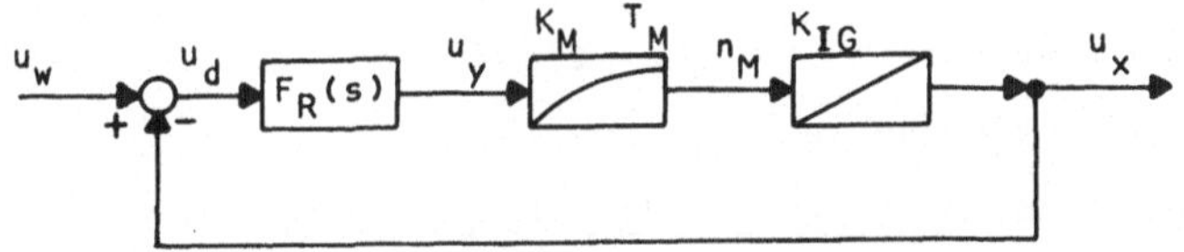

Bild 58   Wirkungsplan einer Spannungs-Folgeregelung

Das Führungsverhalten wird beschrieben durch die Führungs-Übertragungsfunktion

$$F_w(s) = \frac{u_x(s)}{u_w(s)} = \frac{F_o(s)}{1 + F_o(s)}$$

Dabei ist $F_o(s)$ die Kreisübertragungsfunktion (s. [1], Abschn. 2.7) des Regelkreises.

Zunächst untersuchen wir das Verhalten der Regelung bei Verwendung eines __P-Reglers__. Der Übertragungsbeiwert des Regelverstärkers sei $\qquad K_P = 10$

Gesucht werden die Sprung- und die Anstiegsantwort des Führungsverhaltens; ferner soll in beiden Fällen die bleibende Abweichung bestimmt werden.

Bei Regelung mit einem P-Regler wird die Kreisübertragungsfunktion

$$F_o(s) = K_P \cdot \frac{K_M}{1 + T_M s} \cdot \frac{K_{IG}}{s} = \frac{K_P K_M K_{IG}}{s(1 + T_M s)}$$

Damit erhält man für die Führungsübertragungsfunktion

$$F_w(s) = \frac{1}{1 + \frac{1}{K_P K_M K_{IG}} s(1 + T_M s)}$$

oder nach Einsetzen der Werte

$$F_w(s) = \frac{1}{1 + 1\ \text{sec} \cdot s + 0,25\ \text{sec}^2 \cdot s^2}$$

Durch Vergleich mit der Normalform

$$F(s) = \frac{1}{1 + 2\vartheta \frac{s}{\omega_o} + \frac{s^2}{\omega_o^2}}$$

der Übertragungsfunktion eines $P\text{-}T_2$-Gliedes erhält man die

Kennkreisfrequenz $\qquad \omega_o = 2\ \text{sec}^{-1}$

und den Dämpfungsgrad $\qquad \vartheta = 1$

Demnach liegt hier der <u>aperiodische Grenzfall</u> vor. Die Führungsübertragungsfunktion ist dann ein vollständiges Quadrat und läßt sich schreiben

$$F_w(s) = \frac{1}{(1 + 0,5\ \text{sec} \cdot s)^2}$$

Die Zeitfunktion der Sprungerregung hat die Form

$$u_w(t) = U_{wo}\, \mathcal{E}(t)$$

Dabei sei die Sprunghöhe $U_{wo} = 2\ V$; $\mathcal{E}(t)$ ist die Zeitfunktion des Einheitssprunges (s. [2], Gl. (9)). Nach Laplace-Korrespondenz Nr. 3 folgt

$$u_w(s) = \frac{U_{wo}}{s} \qquad\qquad \text{und}$$

$$u_x(s) = F_W(s)u_W(s) = \frac{U_{WO}}{s(1 + 0,5 \ \text{sec}\cdot s)^2} = \frac{4U_{WO}}{s(s + 2/\text{sec})^2 \text{sec}^2}$$

Bei Transformation in den Zeitbereich ergibt sich nach Korrespondenz Nr. 18

$$u_x(t) = 2 \ V\left[1 - (1 + 2t/\text{sec})e^{-2t/\text{sec}}\right]$$

Den Verlauf dieser Sprungantwort zeigt Bild 59.

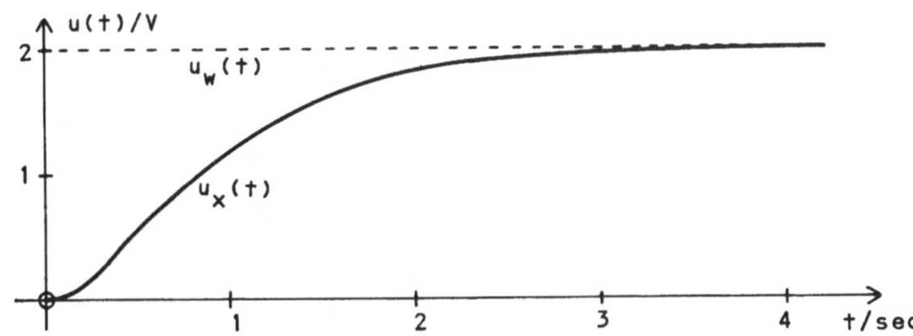

Bild 59 Sprungantwort des Führungsverhaltens bei Regelung
mit P-Regler

Nach genügend langer Zeit ($t \rightarrow \infty$) strebt $u_x(t)$ gegen U_{WO}.
Demnach gibt es keine bleibende Abweichung.

Zur Bestimmung der <u>Anstiegsantwort</u> muß die Führungsgröße
nach der Zeitfunktion

$$u_W(t) = \frac{U_{WO}}{T_r} \ r(t)$$

verlaufen. Dabei ist

$$r(t) = \begin{cases} 0 & \text{für} \quad t \leqq 0 \\ t & \text{für} \quad t > 0 \end{cases}$$

die Anstiegsfunktion (s. [2] Gl. (12)). T_r ist die Anstiegszeit; sie sei mit

$$T_r = 2 \ \text{sec}$$

angenommen.

Nach Korrespondenz Nr. 4 wird

$$u_W(s) = \frac{U_{WO}}{T_r} \ \frac{1}{s^2}$$

und

$$u_x(s) = F_W(s)u_W(s) = \frac{4 \ V/\text{sec}^3}{s^2(s + 2/\text{sec})^2}$$

Durch Transformation in den Zeitbereich ergibt sich nach
Korrespondenz Nr. 19

$$u_x(t) = 1 \text{ V} \left[\frac{t}{\text{sec}} - 1 + (1 + \frac{t}{\text{sec}}) \, e^{-2t/\text{sec}} \right]$$

Den Verlauf dieser Anstiegsantwort zeigt Bild 60. Es gibt
eine bleibende Abweichung

$$\left[u_x(t) - u_w(t) \right]_{t \to \infty} = - 1 \text{ V}$$

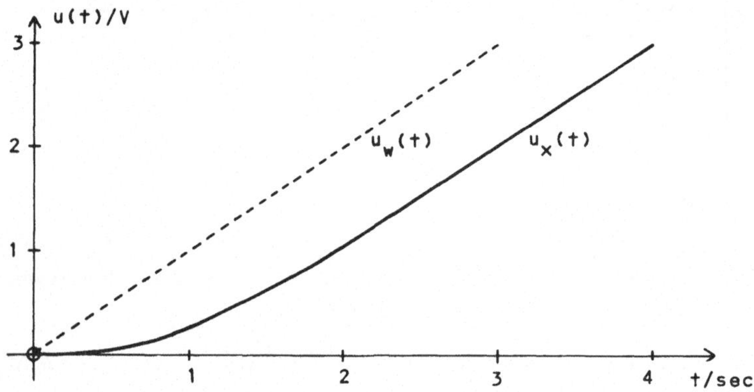

Bild 60   Anstiegsantwort des Führungsverhaltens bei Regelung
mit P-Regler

Jetzt soll noch untersucht werden, inwieweit sich das Führungsverhalten durch Verwendung eines <u>PI-Reglers</u> verbessern
läßt. Mit der Übertragungsfunktion

$$F_R(s) = K_P(1 + \frac{1}{T_n s})$$

des Regelverstärkers ergibt sich die Kreisübertragungsfunktion

$$F_O(s) = K_P(1 + \frac{1}{T_n s}) \frac{K_M K_G}{s(1 + T_M s)} = \frac{K_P K_M K_G (1 + T_n s)}{T_n s^2 (1 + T_M s)}$$

und die Führungsübertragungsfunktion

$$F_w(s) = \frac{F_O(s)}{1 + F_O(s)} = \frac{1 + T_n s}{1 + T_n s + \dfrac{T_n}{K_P K_M K_G} s^2 + \dfrac{T_n T_M}{K_P K_M K_G} s^3}$$

Daneben betrachtet man zweckmäßig die <u>Führungsübertragungs-</u>
<u>funktion der Regeldifferenz</u>

$$F_d(s) = \frac{u_W(s) - u_x(s)}{u_W(s)} = 1 - F_W(s) =$$

$$= \frac{T_n s^2 (1 + T_M s)}{K_P K_M K_G \left(1 + T_n s + \dfrac{T_n}{K_P K_M K_G} s^2 + \dfrac{T_n T_M}{K_P K_M K_G} s^3\right)}$$

Nach dem Hurwitz-Kriterium (s. [2], Abschn. 2.6) ist der
Kreis stabil, wenn $T_n > T_M$ ist; es sei daher

$$T_n = 2 \text{ sec}$$

gewählt. Auf die Berechnung von Sprung- und Anstiegsantwort
sei wegen des Umfangs an dieser Stelle verzichtet; sie sind
im Bild 61 dargestellt. Die Frage, ob eine bleibende Abweichung auftritt, läßt sich bereits mit den Grenzwertsätzen beantworten. Da die Übertragungsfunktion $F_d(s)$ für
$s \longrightarrow 0$ verschwindet, muß die Sprungantwort der Regeldifferenz $u_d(t) = u_W(t) - u_x(t)$ nach genügend langer Zeit
$(t \longrightarrow \infty)$ gegen null streben; die Sprungantwort zeigt also
keine bleibende Abweichung.

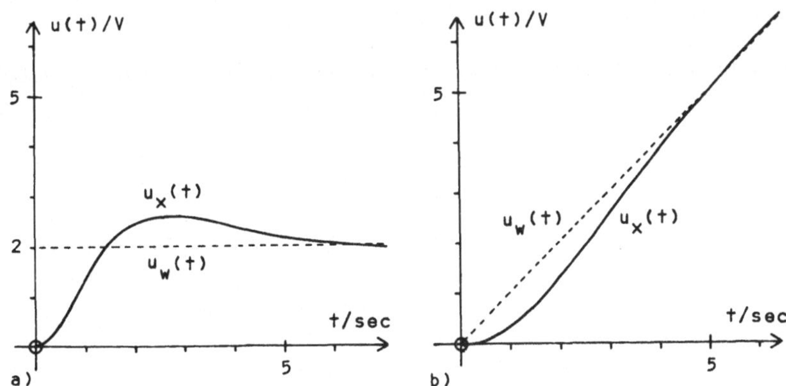

Bild 61   Sprungantwort (a) und Anstiegsantwort (b) des Führungsverhaltens bei Regelung mit PI-Regler

Die Anstiegsfunktion r(t) ist das Zeitintegral der Sprung-
funktion $\varepsilon(t)$; im Frequenzbereich läßt sich diese Integration durch Division durch s wiedergeben. Da nun auch noch
$F_d(s)/s$ für $s \rightarrow 0$ verschwindet, strebt auch die Anstiegsantwort $u_d(t) \rightarrow 0$ für $t \rightarrow \infty$. Demnach gibt es
auch bei der Anstiegsantwort keine bleibende Abweichung; der
PI-Regler zeigt sich hier dem P-Regler überlegen.

Beispiel 15 : Eine Totzeitstrecke mit dem Übertragungsbeiwert
1 und der Totzeit T_t = 1 sec werde mit einem P-Regler
(Proportionalbeiwert K_P) geregelt. Gesucht wird die Sprungantwort des Führungsverhaltens, wenn die Sprunghöhe der Führungsgröße mit 1 angenommen wird

$$w(t) = 1 \cdot \varepsilon(t)$$

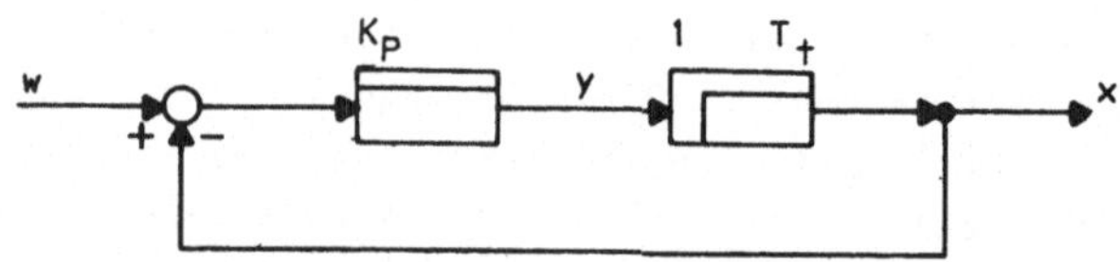

Bild 62   Wirkungsplan zum Beispiel 15

Die Kreisübertragungsfunktion ist dann (s. [1] , Abschn. 3.2.2)

$$F_o(s) = K_P e^{-sT_t}$$

und damit der komplexe Frequenzgang des offenen Regelkreises

$$F_o(j\omega) = K_P e^{-j\omega T_t}$$

Dieser ist als Nyquist-Diagramm im Bild 63 a aufgetragen;
die Ortskurve stellt einen Kreis um den Nullpunkt mit dem
Radius K_P dar. Der kritische Punkt -1 wird dann nicht
umschlossen, wenn
$$K_P < 1$$

ist, in diesem Fall ist der Regelkreis stabil.

Die Sprungantwort x(t) muß schrittweise ermittelt werden.

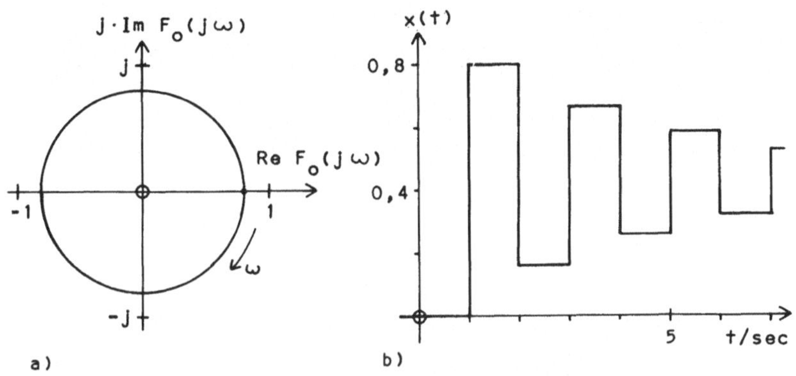

Bild 63   Nyquist-Diagramm (a) und Sprungantwort des Führungs-
          verhaltens (b) des Regelkreises von Bild 62

Für $0 < t \leqq T_t$ ist x = 0 (das Signal hat die Totzeit-
                              strecke noch nicht durchlaufen)

für $T_t < t \leqq 2T_t$ ist $x = K_P$ (das Signal w(t) = 1·ε(t)
                              hat die Totzeitstrecke durchlaufen, das
                              zurückgeführte Signal ist jedoch am
                              Ausgang noch nicht wirksam geworden)

für $2T_t < t \leqq 3T_t$ ist $x = K_P - K_P^2$ (Während des vorher-
                              gehenden Zeitabschnitts lagen am Ein-
                              gang die Führungsgröße w = 1 und
                              die Regelgröße $x = K_P$. Die Differenz
                              erscheint jetzt am Ausgang)

für $3T_t < t \leqq 4T_t$ ist $x = K_P - K_P^2 + K_P^3$ usw.

Für $K_P = 0,8$ ist dieser Verlauf in Bild 63 b dargestellt.
Die Regelgröße x strebt für $t \longrightarrow \infty$ dem Endwert

$$\sum_{n=1}^{\infty} (-1)^{n-1} K_p^n = \frac{K_P}{1 + K_P} = \frac{0,8}{1 + 0,8} = 0,444$$

zu.

<u>Beispiel 16</u> : Es ist eine Regelstrecke mit der Übertragungs-
funktion

$$F_S(s) = \frac{x(s)}{y(s)} = \frac{10/sec}{s(1 + 1\ sec \cdot s + 1\ sec^2 \cdot s^2)}$$

gegeben. Sie soll zuerst mit einem P-Regler, dann mit einem
PI-Regler geregelt werden. Mittels der Grenzwertsätze soll
jeweils das Führungsverhalten untersucht werden.

Es handelt sich um eine $I-T_2$-Strecke mit der Kennkreisfrequenz ω_0 = 1/sec und dem Dämpfungsgrad ϑ = 0,5. Den
<u>P-Regler</u> wollen wir so dimensionieren, daß eine Betragsre-
serve von mindestens 6 dB und eine Phasenreserve von mindestens 30° eingehalten werden. Dazu muß zunächst das Bode-
Diagramm der Strecke gezeichnet werden. Da ein Schwingfall
vorliegt ($\vartheta < 1$), muß zunächst aus [1], Bild 50 und 51 das
Bode-Diagramm des $P-T_2$-Gliedes (mit K_P = 1) entnommen werden;
addiert man dann das Bode-Diagramm des I-Gliedes hinzu, ergeben sich die Kurven F_S, φ_S von Bild 64.

Der Proportionalbeiwert K_P des Regelverstärkers muß aus
der Bedingung für die Betragsreserve ε bestimmt werden.
(Wir werden sehen, daß dann auch die Phasenreservebedingung
erfüllt ist.) Bei der Kreisfrequenz ω_ε = 1/sec wird der
Phasenwinkel φ_0 = φ_S = - 180°; bei ω_ε ist

F_S = $|F_S(j\omega)|$ $\hat{=}$ 20 dB; um die Bedingung $F_0 \overset{\wedge}{\leqq}$ - 6 dB
gerade noch zu erfüllen, muß wegen F_0 = $F_S F_R$

$$F_R = K_P = 0,05 \ \hat{=} \ - 26\ dB$$

gewählt werden. Somit ergibt sich das Bode-Diagramm F_0, φ_0
des offenen Regelkreises (Bild 64). Die Amplitude F_0 erreicht den Wert 0 dB bei der Kreisfrequenz ω_δ = 0,56/sec,
dort ist φ_0 = φ_S = - 130°. Der Ergänzungswinkel zu - 180°

$$\delta = - 130^\circ + 180^\circ = 50^\circ$$

ist die Phasenreserve. Sie ist größer als der geforderte Wert
(30°), so daß auch diese Bedingung erfüllt ist.

Damit erhalten wir die Kreisübertragungsfunktion

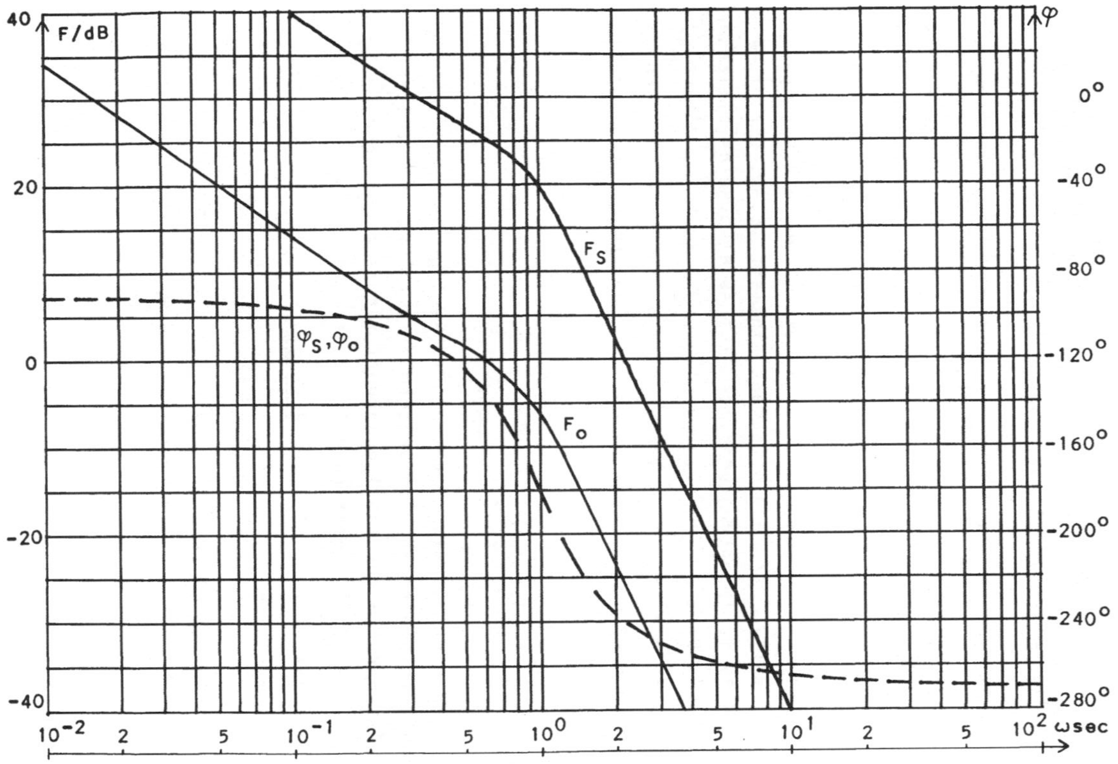

Bild 64   Bode-Diagramme zum Beispiel 16   (P-Regler)

$$F_o(s) = K_P F_S(s) = \frac{0,5/sec}{s(1 + 1\ sec \cdot s + 1\ sec^2 \cdot s^2)}$$

und die Führungsübertragungsfunktion

$$F_w(s) = \frac{F_o(s)}{1 + F_o(s)} = \frac{1}{1 + 2\ sec \cdot s + 2\ sec^2 \cdot s^2 + 2\ sec^3 \cdot s^3}$$

Außerdem ziehen wir - wie im Beispiel 14 - die Führungsübertragungsfunktion der Regeldifferenz zur Untersuchung heran

$$F_d(s) = 1 - F_w(s) = 2\ \frac{1\ sec \cdot s + 1\ sec^2 \cdot s^2 + 1\ sec^3 \cdot s^3}{1 + 2\ sec \cdot s + 2\ sec^2 \cdot s^2 + 2\ sec^3 \cdot s^3}$$

Da $F_d(s)$ für $s \longrightarrow 0$ verschwindet, strebt die Sprungantwort $x_d(t)$ der Regeldifferenz statisch (d. h. für $t \rightarrow \infty$)
gegen null; im Sprungverhalten gibt es also keine bleibende
Abweichung.

Der Quotient $F_d(s)/s$ strebt dagegen für $s \longrightarrow 0$ dem end-
lichen Wert 2 zu. Wenn daher die Führungsgröße das Zeit-
verhalten

$$w(t) = \frac{W_o}{T_r}\ r(t) \qquad\qquad \text{hat,}$$

wird

$$(x_d(t))_{t \rightarrow \infty} = \frac{W_o}{T_r} \cdot 2\ sec$$

In der Anstiegsantwort bleibt die Regelgröße $x(t)$ um diesen Wert hinter der Führungsgröße $w(t)$ zurück. Bild 65
zeigt Sprung- und Anstiegsantwort für eine Sprunghöhe
$W_o = 1$ und eine Anstiegszeit $T_r = 1\ sec$.

Als Nachstellzeit T_n des __PI-Reglers__ wählen wir den Erfah-
rungswert
$$T_n = 0,83\ \frac{2\pi}{\omega_o} = \frac{0,83 \cdot 2\pi}{1/sec} = 5,21\ sec$$

Der Proportionalbeiwert wird (um ein besseres Einschwingver-
halten zu erzielen) etwas kleiner als beim P-Regler angenommen
$$K_P = 0,045$$

Der Regelverstärker hat dann den komplexen Frequenzgang
$$F_o(j\omega) = 0,045\ (1 + \frac{1}{5,21\ sec \cdot j\omega})$$

Er ist als Bode-Diagramm F_R, φ_R zusammen mit dem Bode-
Diagramm F_o, φ_o des offenen Regelkreises im Bild 66 dar-

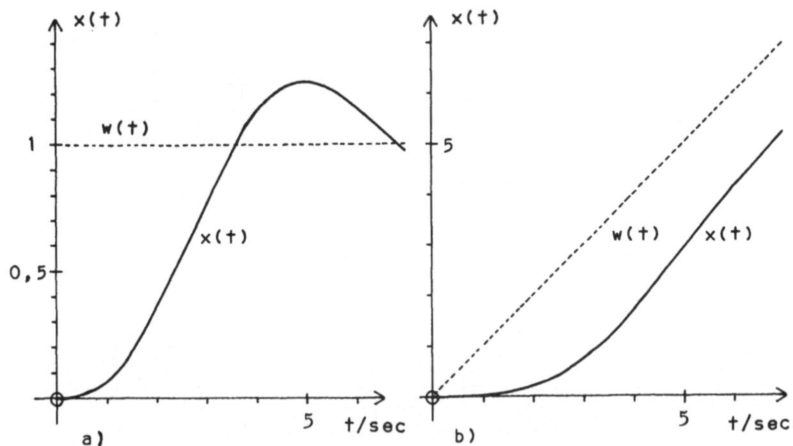

Bild 65   Sprungantwort (a) und Anstiegsantwort (b) des Führungsverhaltens bei Regelung mit P-Regler

gestellt. Es ergibt sich (bei der Kreisfrequenz
ω_ε = 0,9/sec) eine Betragsreserve
$$\varepsilon \triangleq 5,1 \text{ dB}$$
und eine Phasenreserve (bei der Kreisfrequenz ω_δ = 0,54/sec)
$$\delta = 34°$$
Weil die Phasenkurve φ_0 sich bei niedrigen Kreisfrequenzen wieder - 180° nähert, ist diese Phasenreserve an
sich zu knapp (s. [2], Beispiel 3). Die Folge ist, daß in
der Sprung- und der Anstiegsantwort merkliche Überschwin-
gungen auftreten.

Mit der Kreisübertragungsfunktion

$$F_O(s) = F_S(s)K_P(1 + \frac{1}{T_n s}) = \frac{(0,45/sec)(1 + 1/5,21 \text{ sec} \cdot s)}{s(1 + 1 \text{ sec} \cdot s + 1 \text{ sec}^2 \cdot s^2)}$$

ergibt sich die Führungsübertragungsfunktion

$$F_w(s) = F_O(s)/(1 + F_O(s)) =$$

$$= \frac{1 + 5,21 \text{ sec} \cdot s}{1 + 5,21 \text{ sec} \cdot s + 11,6 \text{ sec}^2 \cdot s^2 + 11,6 \text{ sec}^3 \cdot s^3 + 11,6 \text{ sec}^4 \cdot s^4}$$

sowie die Führungsübertragungsfunktion der Regeldifferenz

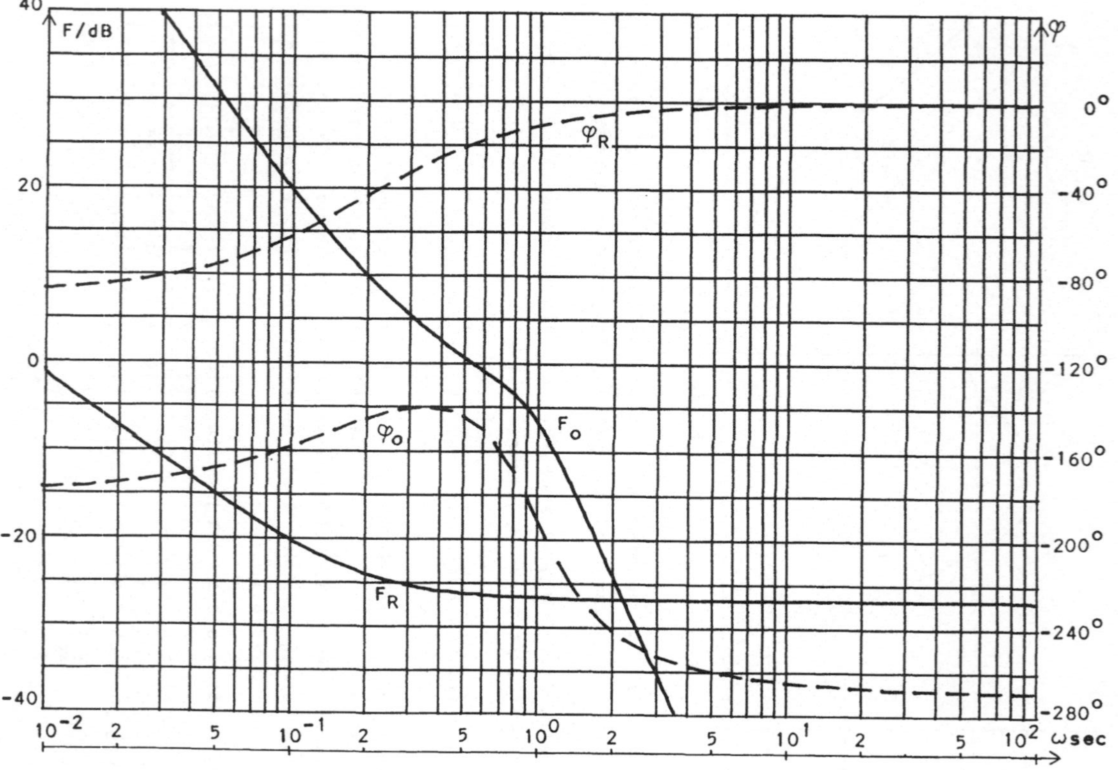

Bild 66 Bode-Diagramme zum Beispiel 16 (PI-Regler)

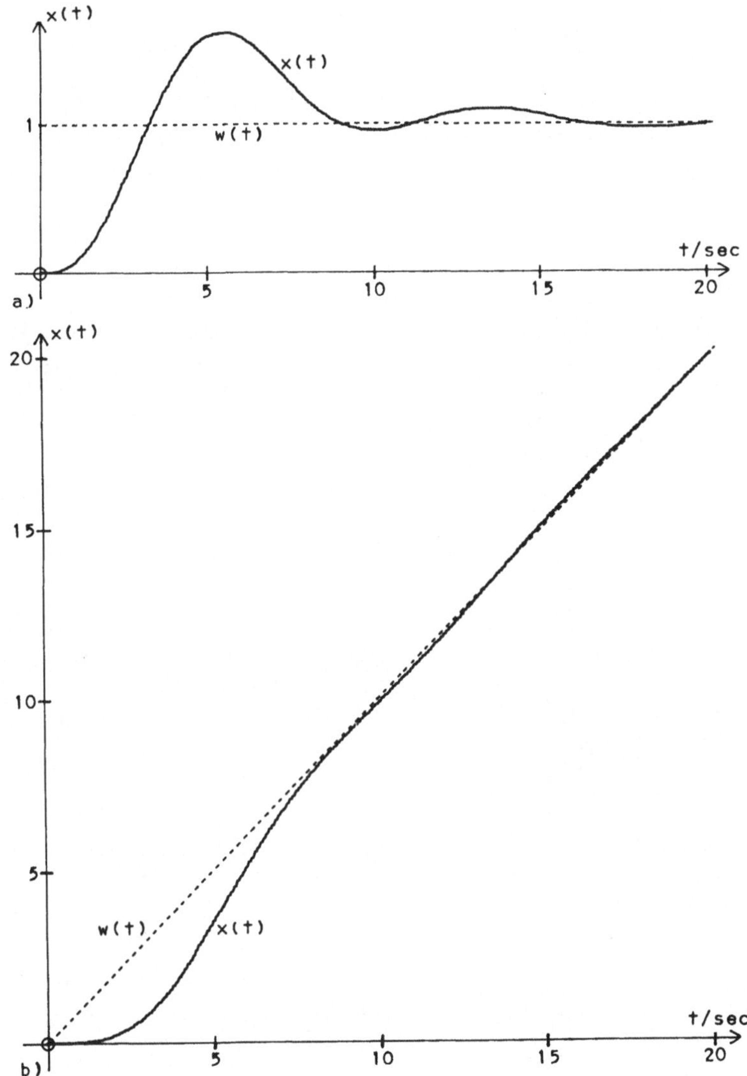

Bild 67   Sprungantwort (a) und Anstiegsantwort (b) des
Führungsverhaltens bei Regelung mit PI-Regler

$$F_d(s) = 1 - F_w(s) = x_d(s)/w(s) =$$

$$= \frac{11,6 \ sec^2 \cdot s^2 (1 + 1 \ sec \cdot s + 1 \ sec^2 \cdot s^2)}{1 + 5,21 \ sec \cdot s + 11,6 \ sec^2 \cdot s^2 + 11,6 \ sec^3 \cdot s^3 + 11,6 \ sec^4 \cdot s^4}$$

Da der Quotient $F_d(s)/s$ für $s \longrightarrow 0$ verschwindet, zeigen sowohl Sprungantwort als auch Anstiegsantwort keine bleibende Abweichung. In diesem Punkt ist also der PI-Regler dem P-Regler überlegen, doch ist die Überschwingweite bei der Sprungantwort des Führungsverhaltens etwas größer als beim P-Regler (1. Maximum 1,6 statt 1,25). Bild 67 zeigt Sprung- und Anstiegsantwort des Führungsverhaltens mit PI-Regler; Sprunghöhe ist $W_o = 1$ und Anstiegszeit $T_r = 1$ sec.

<u>Aufgabe 40</u> : Regelkreis mit Störgrößenaufschaltung

Eine $P-T_1$-Strecke wird mit einem I-Regler geregelt. Die Störung z wirkt auf den Ausgang der Regelstrecke; sie soll dem Eingang der Strecke so aufgeschaltet werden, daß der Einfluß der Störung möglichst gering wird. Es ergibt sich der Wirkungsplan von Bild 68 . Zunächst ist diejenige Übertragungsfunktion $F_{St}(s)$ anzugeben, für die die Wirkung der Störung ganz verschwindet. Da diese Funktion jedoch nicht exakt realisiert werden kann, soll

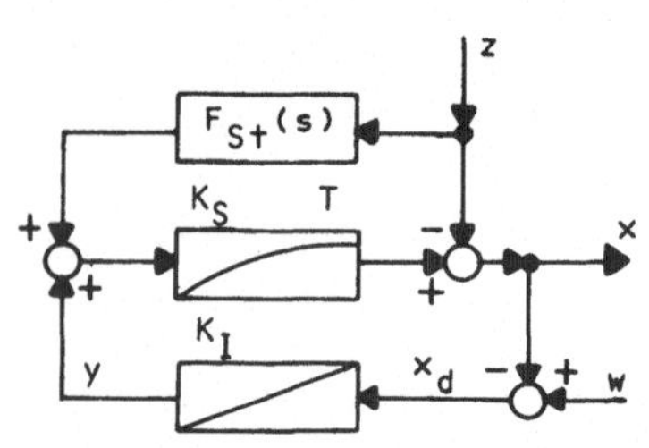

Bild 68 Regelkreis mit Störgrößenaufschaltung

an ihre Stelle ein P-Verhalten (Übertragungsfunktion $F_{St}(s) = K_{St}$) treten. Die Daten des Regelkreises seien

$$K_I = 0,0625/sec \qquad K_S = 20 \qquad T = 0,2 \ sec$$

Die Störgröße habe den Verlauf

$$z(t) = 1 \cdot \varepsilon(t)$$

Die Sprungantworten der Regelgröße $x(t)$ für die Werte

K_{St} = 0,025 ; 0,05 ; 0,1   sind mit derjenigen für den Fall
K_{St} = 0   (keine Störgrößenaufschaltung) zu vergleichen.
Welcher Wert der Konstanten K_{St} erscheint am günstigsten?

<u>Aufgabe 41</u>: Die Totzeitstrecke von Beispiel 15 (Wirkungs-
plan von Bild 62) soll mit einem I-Regler geregelt werden. Bis zu welchem maximalen Integrierbeiwert K_I = K_{IGr}
des Regelverstärkers ist der Regelkreis stabil? Man berech-
ne - ähnlich wie im Beispiel 16 - die Sprungantwort des Führungsverhaltens für den Integrierbeiwert K_I = 0,5 K_{IGr} und
die Sprunghöhe W_o = 1 .

<u>Aufgabe 42</u>: Eine P-T_1-T_t-Strecke (Wirkungsplan von
Bild 69) mit den Daten

$$K_S = 1,5 \qquad\qquad T = 3 \text{ sec} \qquad\qquad T_t = 5 \text{ sec}$$

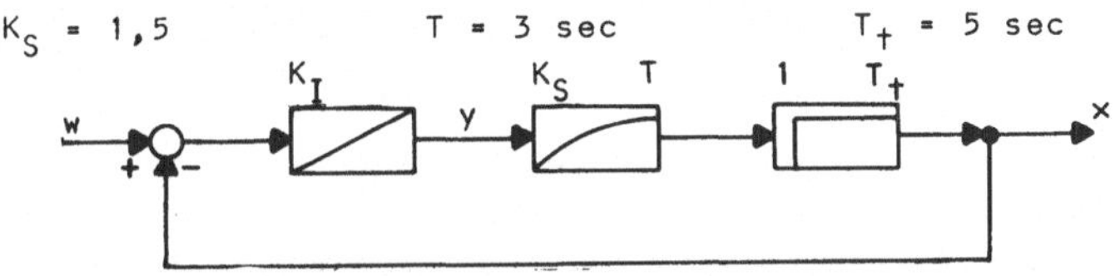

Bild 69   Wirkungsplan einer P-T_1-T_t-Strecke mit I-Regler

soll mit einem I-Regler (Integrierbeiwert K_I) geregelt werden. Für welche Werte von K_I ist der Regelkreis stabil?

<u>Aufgabe 43</u>: Der Regelverstärker eines Stromreglers hat die
Übertragungsfunktion

$$F_R(s) = \frac{x(s)}{y(s)} = \frac{36 \cdot 10^{-4} \text{ sec}^2 \cdot s^2 + 36 \text{ msec} \cdot s + 1}{(4\ \text{Vsec/A})s(240 \text{ msec} \cdot s + 1)}$$

Um welchen Reglertyp handelt es sich? Man zeichne das vereinfachte Bode-Diagramm des Regelverstärkers (d. h. so weit
möglich ist der wahre Verlauf durch Streckenzüge anzunähern;
s. [2], Abschn. 4.).

<u>Aufgabe 44</u> : Es ist das vereinfachte Bode-Diagramm der
P-T_2-Strecke von Bild 70 mit den Daten

$$K_S = 50 \qquad\qquad T_1 = 1 \text{ sec} \qquad\qquad T_2 = 3 \text{ sec}$$

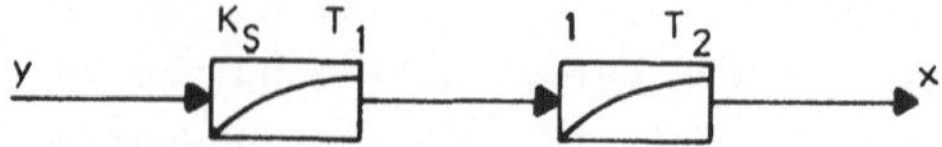

Bild 70   Aperiodische $P\text{-}T_2$-Strecke

zu zeichnen. Die Regelmöglichkeiten mit P-, I-, PI-, PD- und PID-Regler sind zu diskutieren. Die Regelverstärker sind jeweils mittels vereinfachtem Bode-Diagramm zu dimensionieren; dabei sind eine **Betragsreserve von** 8 dB und eine **Phasenreserve von** 30° einzuhalten.

<u>Aufgabe 45</u> :   Gegeben ist eine periodische $P\text{-}T_2$-Strecke mit den Daten:

Proportionalbeiwert	K_S	= 20
Dämpfungsgrad	ϑ	= 0,2
Kennkreisfrequenz	ω_o	= 30/sec

Es ist das Bode-Diagramm zu zeichnen. Ferner sind die Regelmöglichkeiten mit P-, I-, PI-, PD- und PID-Regler anhand ihrer vereinfachten Bode-Diagramme zu diskutieren. Dabei sollen eine **Betragsreserve von** 8 dB und eine **Phasenreserve** von 45° eingehalten werden.

<u>Aufgabe 46</u> :   Der Regelkreis einer Temperaturregelung besteht aus der Regelstrecke mit der Übertragungsfunktion

$$F_S(s) = \frac{K_{IS}}{s(1 + T_1 s)(1 + T_2 s)}$$

mit $K_{IS} = 10^{-5}$ K/Wsec , $T_1 = 200$ sec , $T_2 = 100$ sec

dem Regelverstärker mit der Übertragungsfunktion

$$F_R(s) = K_P(1 + T_V s)$$

mit $K_P = 10^6$ W/V und $T_V = 200$ sec ,

sowie einem Meßfühler mit der Übertragungsfunktion

$$F_{MF}(s) = K_{MF} \frac{1}{1 + T_{MF} s}$$

mit $K_{MF} = 10^{-3}$ V/K und $T_{MF} = 5$ sec .

Gesucht wird :

a) Der Wirkungsplan des Regelkreises

b) Das (exakte) Bode-Diagramm des offenen Regelkreises

c) Amplituden- und Phasenrand

d) Der maximale Wert K_{PGr} , auf den der Proportionalbeiwert K_P des Regelverstärkers erhöht werden kann, ohne daß die Phasenreserve $30°$ unterschreitet.

<u>Aufgabe 47</u> : Gegeben ist eine I-T_1-Strecke mit dem Integrierbeiwert K_{IS} = 15/sec und der Zeitkonstanten T = 0,8 sec . Es ist das (exakte) Bode-Diagramm zu zeichnen; die Regelmöglichkeiten mit P-, I- und PI-Regler sind zu diskutieren. Dabei sind eine Betragsreserve von 8 dB und eine Phasenreserve von $60°$ einzuhalten.

<u>Aufgabe 48</u> : Eine Regelstrecke hat die Übertragungsfunktion

$$F_S(s) = \frac{x(s)}{y(s)} = \frac{4 + 20\ \text{sec}\cdot s}{4 + 2\ \text{sec}\cdot s + 1\ \text{sec}^2\cdot s^2 + 2\ \text{sec}^3\cdot s^3}$$

a) Ist die Strecke für sich stabil?

b) Die Strecke erhalte eine proportional wirkende Rückführung nach Bild 71 a. Für welche Werte K_P ist diese Schleife stabil?

c) Wie groß ist für K_P = 1 der statische Wert $(x(t))_{t \to \infty}$ wenn die Eingangsgröße $y_1(t)$ den Einheitssprung
$$y_1(t) = 1\cdot\mathcal{E}(t)$$
ausführt? Wie groß ist die bleibende Abweichung
$$(x(t) - y_1(t))_{t \to \infty} ?$$

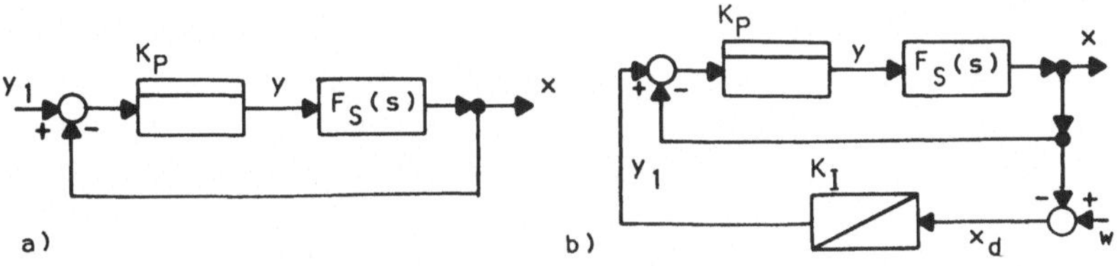

Bild 71   Wirkungspläne zu Aufgabe 48

d) Die stabilisierte Strecke werde mit einem I-Regler geregelt (Bild 71 b). Für den Fall

$$K_P = 1 \qquad \text{und} \qquad K_I = 0,1/sec$$

ist der Regelkreis auf Stabilität zu prüfen. Die Führungsgröße führe den Einheitssprung $w(t) = 1 \cdot \varepsilon(t)$
aus; gesucht werden der stationäre Endwert der Regelgröße x und die bleibende Regelabweichung.

Aufgabe 49 :   Die Stabilität des Systems von Bild 72 hängt

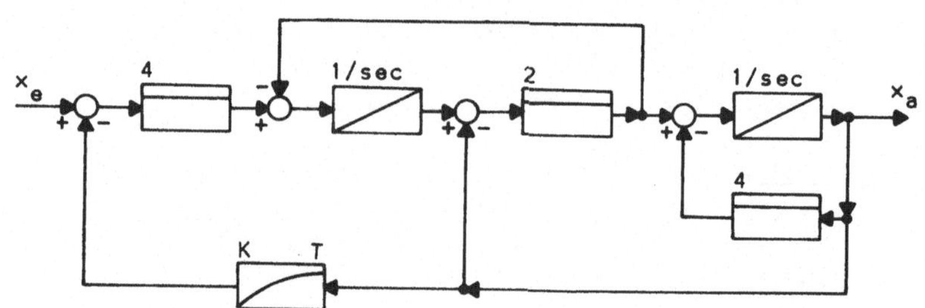

Bild 72   Wirkungsplan zu Aufgabe 49

vom Proportionalbeiwert K und von der Zeitkonstanten T
des $P-T_1$-Gliedes in der Rückführung ab. Die Stabilitäts-
grenze ist durch eine Funktion $K = f(T)$ gegeben; diese
Funktion ist zu bestimmen und grafisch darzustellen. Stabiler
und instabiler Bereich sind anzugeben.

Aufgabe 50 :   Eine unbekannte Regelstrecke hat den komplexen
Frequenzgang $F_S(j\omega) = x(j\omega)/y(j\omega)$, der als Bode-Diagramm in Bild 73 aufgetragen ist.

  a) Von welchem Typ ist diese Regelstrecke? Es ist der Wir-
     kungsplan (mit Datenangabe) aufzustellen.

  b) Die Übertragungsfunktion ist anzugeben.

  c) Läßt sich die Regelstrecke mit einem PID-Regler regeln?
     Wie ist dieser gegebenenfalls zu dimensionieren?
     (Betragsreserve 8 dB , Phasenreserve 45°).

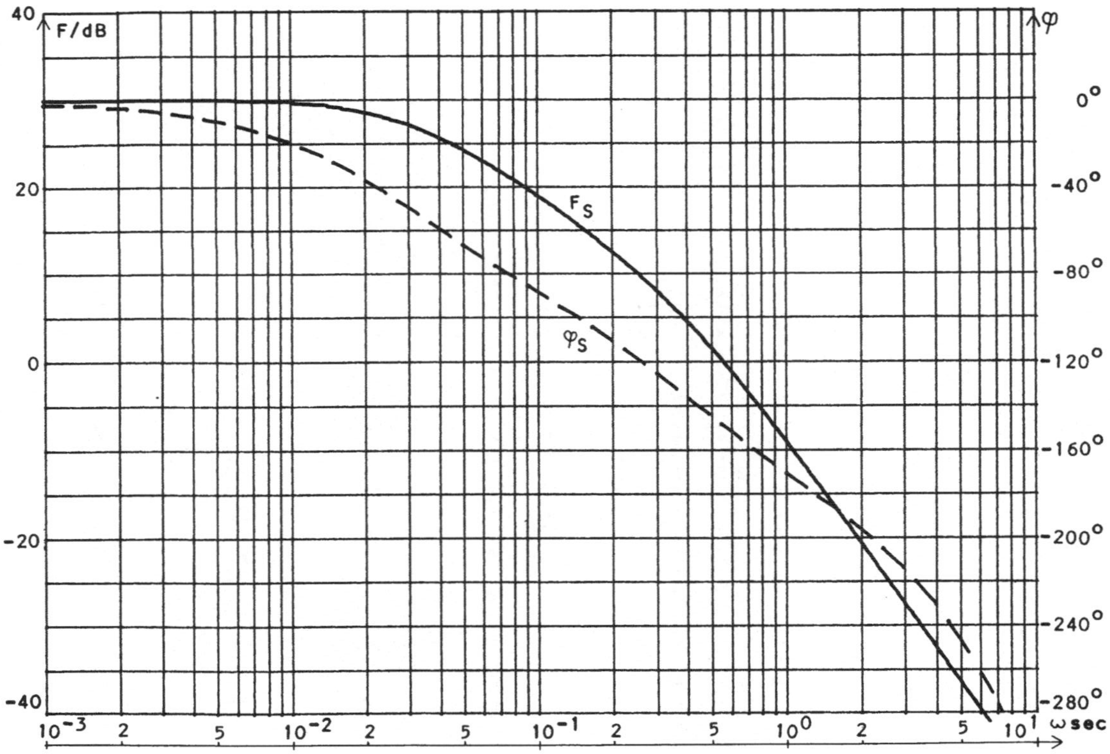
Bild 73   Bode-Diagramm der Strecke von Aufgabe 50
F/dB
40
20
0
-20
-40
φ
0°
-40°
-80°
-120°
-160°
-200°
-240°
-280°
ω sec
10^-3
2
5
10^-2
2
5
10^-1
2
5
10^0
2
5
10^1
F_S
φ_S
- 71 -

4. Nichtlineare Regelungen

Beispiel 17: Die exakte Lösung für die Störübergangsfunktion
eines nichtlinearen Regelkreises ist zu bestimmen.
Für den in Bild 74a dargestellten Regelkreis ist die nichtlineare Differentialgleichung aufzustellen und zu lösen.
Dabei sei der Sollwert $w(t) = W = $ konstant > 0, die Störgröße $z(t) = Z\,\varepsilon(t)$ und der Anfangswert der Regelgröße
$x(0) = 0$. Der Verlauf der Regelgröße $x(t)$ ist zu skizzieren.

Aus dem Wirkungsplan entnimmt man

$$x = \frac{K_I}{s}\,K_P(w^2 - x^2)\,z$$

Damit wird die Differentialgleichung

$$\dot{x} + K_{Io}Zx^2 = K_{Io}Zw^2 \qquad \text{mit } K_{Io} = K_P K_I$$

und der Lösungsansatz

$$\int\frac{dx}{W^2 - x^2} = \int K_{Io}Z\,dt$$

Mit der Anfangsbedingung $x(0) = 0$ erhält man

$$\frac{1}{2W}\,\ln\frac{W + x}{W - x} = K_{Io}Zt\cdot\varepsilon(t)$$

Nach entsprechender Umformung ergibt sich

$$x(t) = W\,\tanh W K_{Io}Zt\cdot\varepsilon(t)$$

Der Verlauf der Regelgröße ist in Bild 74b skizziert

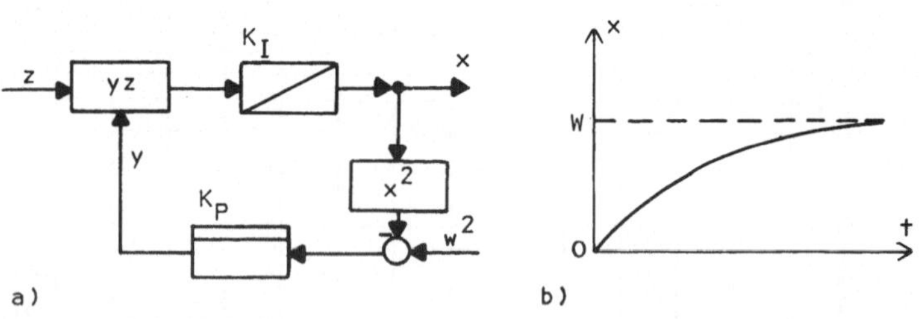

Bild 74   Wirkungsplan des nichtlinearen Regelkreises (a)
und Sprungantwort der Regelgröße (b)

<u>Beispiel 18:</u> Das Störverhalten einer Wasserstandsregelung
ist zu untersuchen.
Der Regelkreis ist in Bild 75 dargestellt. Dabei bedeuten

$\dot{V}$ Volumenstrom
A_2 Wirksamer Ventilquerschnitt
h Wasserstandshöhe
y Ventilstellung
d = 1 m, Durchmesser des
     zylindrischen Kessels
g = 9,81 m/sec^2

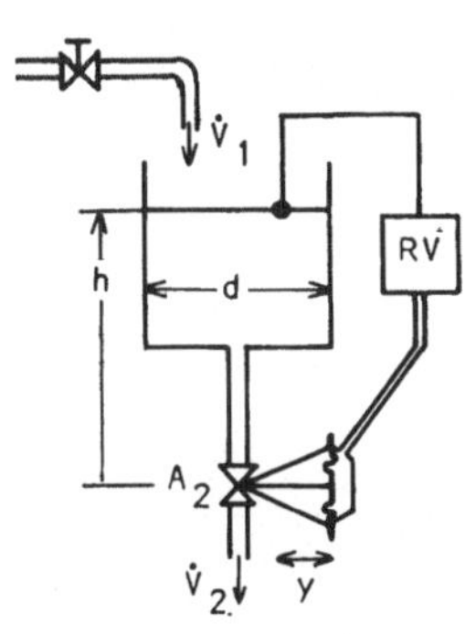

Bild 75 Wasserstandsregelung

Für den Abfluß erhält man nach
Bernoulli- und Kontinuitäts-
gleichung $\dot{V}_2 = A_2 \sqrt{2gh}$
Am Ventil gilt $A_2 = K_y y$ mit $K_y = A_{20}/Y_0$. Dabei sind A_{20}
und Y_0 Ventilquerschnitt und -stellung an dem in b) gegebenen
Arbeitspunkt.
a) Die Differentialgleichung der Strecke ist abzuleiten, und
der Wirkungsplan des Regelkreises ist aufzustellen.
b) Für kleine Abweichungen ($\Delta\dot{V}$, Δh, Δy) um den Arbeitspunkt
(H_0 = 1,5 m, Y_0 = 0,5 cm, A_{20} = 4 cm^2) ist der nichtlineare
Zusammenhang zu linearisieren und dazu der Wirkungsplan
aufzustellen. Der Regelverstärker sei vom Typ PI mit der
Übertragungsfunktion $F_R(s) = K_P + K_I/s$.
c) Für K_I = 0 soll K_P so bestimmt werden, daß die bleibende
Abweichung der Änderung Δh der Füllhöhe auf einen Störsprung
$\Delta\dot{V}_1$ nur 10 % von der Abweichung im ungeregelten Fall beträgt.
d) Unter Beibehaltung von K_P soll K_I so gewählt werden, daß
der Dämpfungsgrad des Kreises ϑ = 0,5 wird.

a) Für das Wasservolumen im Kessel gilt

$$h \frac{d^2 \pi}{4} = \int (\dot{V}_1 - \dot{V}_2)\, dt$$

Damit wird die Differentialgleichung für die Strecke

$$\frac{d^2 \pi}{4} \dot{h} + A_2 \sqrt{2gh} = \dot{V}_1$$

Der Wirkungsplan des Regelkreises ist in Bild 76 a darstellt.

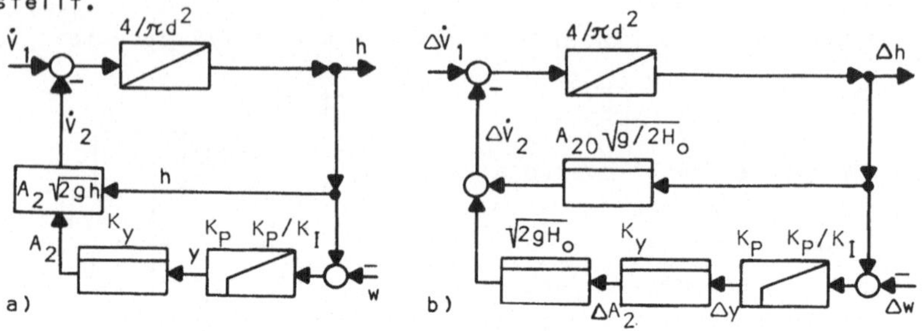

Bild 76   Wirkungsplan des nichtlinearen (a) und des linea-
           risierten (b) Regelkreises

b) Am einfachsten greift man den nichtlinearen Zusammenhang
heraus und bildet das vollständige Differential

$$d\dot{V}_2 = \left(\frac{\partial f}{\partial A_2}\right)_{A_{20},H_o} \cdot dA_2 + \left(\frac{\partial f}{\partial h}\right)_{A_{20},H_o} \cdot dh$$

Daraus ergibt sich

$$\Delta\dot{V}_2 = \sqrt{2gH_o}\, \Delta A_2 + A_{20}\sqrt{\frac{g}{2H_o}}\, \Delta h$$

Der Wirkungsplan des linearisierten Regelkreises ist in
Bild 76 b dargestellt. Seine Zusammenfassung zeigt Bild 77,
es ergeben sich die Übertragungsbeiwerte

$$K_V = \sqrt{2gH_o}\, \frac{A_{20}}{Y_o}$$

$$K_S = \sqrt{\frac{2H_o}{g}}\, \frac{1}{A_{20}}$$

sowie die Zeitkonstante

$$T = \frac{d^2\pi}{4A_{20}}\sqrt{\frac{2H_o}{g}}$$

$$(= 1085,8\ sec = 18,1\ min)$$

Bild 77 Vereinfachter Wirkungsplan

c) Die Bedingung für K_P besagt, daß der Regelfaktor
$r = 1/(1 + K_o) = 0,1$ ist und damit die Kreisverstärkung
$K_o = 9$. Aus Bild 77 findet man $K_o = 2H_o K_P/Y_o$ und erhält

$$K_P = \frac{9Y_o}{2H_o} = 0,015$$

d) Hier muß die charakteristische Gleichung $F_o(s) + 1 = 0$
untersucht werden. Nach Bild 77 erhält man

$$(K_P s + K_I) \, 2H_o \frac{1}{Y_o} + s + Ts^2 = 0$$

Mit obigem K_P ergibt sich

$$1 + \frac{10 \, Y_o}{2H_o K_I} s + \frac{T \, Y_o}{2H_o K_I} s^2 = 0$$

Hieraus erhält man für die Kennkreisfrequenz $\omega_o = \sqrt{\dfrac{2H_o K_I}{T \, Y_o}}$

und den Dämpfungsgrad $\vartheta = 5\sqrt{\dfrac{Y_o}{2H_o K_I T}}$

Für $\vartheta = 0,5$ wird $K_I = \dfrac{100 Y_o}{2H_o T} = 0,153 \cdot 10^{-3} \ \text{sec}^{-1}$

und die Eigenkreisfrequenz $\omega_d = 8,66/T$.

Aufgabe 51: Eine Regelstrecke wird durch folgende nichtlineare Differentialgleichung beschrieben

$$a_2 \ddot{x} + a_1 \dot{x} + f(x) = y$$

mit $a_2 = 1 \ \text{sec}^2$, $a_1 = 2 \ \text{sec}$, $f(x) = 4x + x^2$.
Da man die Übergangsfunktion nicht explizit bestimmen kann,
ist der stationäre Betriebspunkt für $y = Y_o = 1$ zu berechnen, mit $X_o > 0$. Die Differentialgleichung ist an diesem
Betriebspunkt zu linearisieren, und die Übergangsfunktion
für kleine Änderungen um diesen Betriebspunkt ist anzugeben.

Beispiel 19 : Die Eigenbewegung eines Feder-Masse-Systems
mit Reibung soll untersucht werden.
Im System von Bild 78 folgt die Auslenkung x der Differentialgleichung

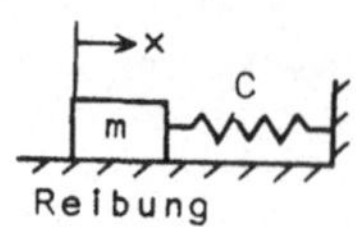

Bild 78 Feder-Masse-System
mit Reibung

$$m\ddot{x} + F_R + Cx = 0$$

$F_R = \mu G \frac{\dot{x}}{|\dot{x}|}$ ist die Reibungskraft
der Coulombschen Reibung, μ der
Reibungskoeffizient, G das
Gewicht der Masse m und C die
Federkonstante. Zur Verein-
fachung schreiben wir

$$F_R = rm\ \text{sgn}\ \dot{x}$$

Die Signumfunktion ist definiert

$$\text{sgn}\ z = \begin{cases} +\,1, & z > 0 \\ \ \ \ 0, & z = 0 \\ -\,1, & z < 0 \end{cases}$$

Wie verlaufen die Zustandskurven mit $x_1 = x$ und $x_2 = \dot{x}$? Für
die Anfangsauslenkung $x(0) = -\,6,5$ cm und die Anfangsgeschwindigkeit $\dot{x}(0) = 0$ mit $r = 1$ cm/sec^2 und $\omega_o^2 = C/m$
$= 1$ sec^{-2} ist die Zustandskurve zu zeichnen. Es sind auch
einige Zeitmarken einzutragen.

Da R abschnittsweise konstant ist, kann man die Differentialgleichung in folgender Form schreiben

$$\ddot{x} + \omega_o^2\,x = -\,r\ \text{sgn}\ \dot{x}$$

Dazu läßt sich die Lösung explizit angeben

$$x(t) = \left(X_o + \frac{r}{\omega_o^2}\ \text{sgn}\ \dot{x}\right)\cos\omega_o t + \frac{\dot{X}_o}{\omega_o}\sin\omega_o t - \frac{r}{\omega_o^2}\ \text{sgn}\ \dot{x}$$

wobei X_o und $\dot{X}_o$ die Anfangswerte sind. Man muß nun von
einem Vorzeichenwechsel von $\dot{x}$ zum anderen mit den jeweils
neuen Anfangswerten rechnen. Durch Eliminieren der Zeit t
aus den Beziehungen für $x(t)$ und $\dot{x}(t)$ könnte man im
Prinzip die Zustandskurve ermitteln. Hier soll jedoch der
folgende Weg beschritten werden:
Die Differentialgleichungen für die Zustandsgrößen sind

$$\dot{x}_1 = x_2 \qquad \text{und} \qquad \dot{x}_2 = -\,\omega_o^2\,x_1 - r\ \text{sgn}\ x_2$$

Durch Quotientenbildung aus beiden Gleichungen erhält man die Differentialgleichung für die Zustandskurven

$$\frac{dx_2}{dx_1} = \frac{-\omega_o^2 x_1 - r\,\text{sgn}\,x_2}{x_2}$$

Sie läßt sich durch Trennung der Variablen integrieren

$$\left(x_1 + \frac{r}{\omega_o^2}\,\text{sgn}\,x_2\right)^2 + \left(\frac{x_2}{\omega_o}\right)^2 = \left(X_{10} + \frac{r}{\omega_o^2}\,\text{sgn}\,x_2\right)^2 + \left(\frac{X_{20}}{\omega_o}\right)^2$$

Diese Gleichung beschreibt Ellipsen mit den Mittelpunkten auf der x_1-Achse. Wenn $x_2 > 0$ ist, gelten die Halbellipsen der oberen Halbebene mit den Mittelpunkten $(-\,r/\omega_o^2;\ 0)$, wenn $x_2 < 0$ ist, gelten die Halbellipsen der unteren Halbebene mit den Mittelpunkten $(r/\omega_o^2;\ 0)$. Mit den gegebenen Zahlenwerten werden die Ellipsen zu Kreisen.

$$(x_1 + \text{sgn}\,x_2)^2 + x_2^2 = (X_{10} + \text{sgn}\,x_2)^2 + X_{20}^2$$

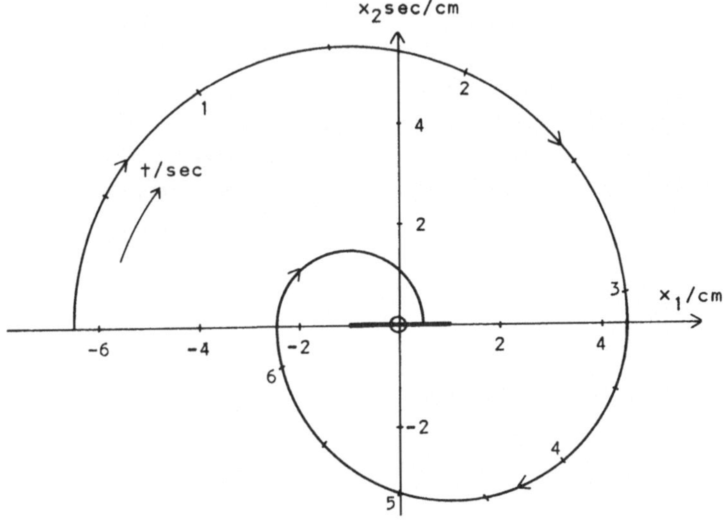

Bild 79 Zustandskurve des Feder-Masse-Systems mit Reibung

Mit $X_{10} = -6,5$ cm ergibt sich aus der Differentialgleichung,
daß $dx_2/dx_1 > 0$ ist, also gilt der Halbkreis in der oberen
Halbebene mit dem Mittelpunkt $(-1$ cm; 0) und dem Radius
5,5 cm. Dieser Kreis schneidet die positive x_1-Achse in
$x_1 = 4,5$ cm. Nun wechselt x_2 das Vorzeichen, und die Zustandskurve setzt sich fort in dem Halbkreis der unteren Halbebene
mit dem Mittelpunkt $(1$ cm; 0) und dem Radius 3,5 cm. Nach
nochmaligem Vorzeichenwechsel endet die Zustandskurve in dem
Punkt $(0,5$ cm; 0), die Ruhelage (0; 0) wird nicht erreicht.
Das bedeutet, daß die Reibungskraft größer ist als die ver-
bleibende Federkraft. Die Feder entspannt sich nicht völlig.
Den Zeitmaßstab findet man aus der Gleichung für $x(t)$. Ein
Halbkreis entspricht einer Halbschwingung, das sind π sec,
oder 1 sec $\hat{=}$ 57,3°.

<u>Aufgabe 52:</u> Die Bewegung eines ungedämpften Pendels soll un-
tersucht werden. Das Pendel nach Bild 80 folgt der Gleichung

$$ml^2\ddot{x} + mgl \sin x = 0$$

oder

$$\ddot{x} + \frac{g}{l} \sin x = 0$$

Dabei ist x der Winkel der Auslenkung im Bogenmaß, l ist die
Länge des Pendels. Für Anfangsauslenkungen $x(0) = \pi/6$, $\pi/3$,
$\pi/2$ und π sollen die Zustandskurven gezeichnet werden mit
den Zustandsgrößen $x_1 = x$ und $x_2 = \dot{x}$, die Anfangsgeschwindigkeit sei null.

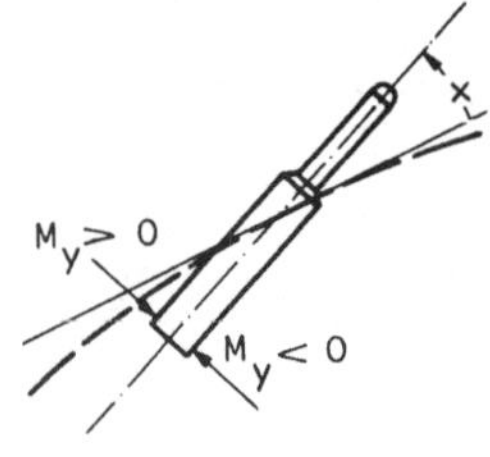

Bild 80 Ungedämpftes Pendel   Bild 81 Raumfahrzeug

<u>Beispiel 20:</u> Die Lageregelung eines Weltraumfahrzeuges mit
Dreipunktregler wird untersucht.
Der Lagewinkel x eines Raumfahrzeuges nach Bild 81 folgt der
vereinfachten Differentialgleichung

$$J\ddot{x} = M_y$$

Das Trägheitsmoment J des Fahrzeuges betrage 450 Nm sec^2. M_y
ist das von einer Triebwerkssteuerung erzeugt Moment. Dieses
nimmt in Abhängigkeit von der Eingangsgröße x_e die Werte an

$$M_y = \begin{cases} 9 \text{ Nm} & \text{für} & x_e \geq 0,02 \ (= 1,15^\circ) \\ 0 & \text{für} & -0,02 < x_e < 0,02 \\ -9 \text{ Nm} & \text{für} & x_e \leq -0,02 \end{cases}$$

Der Lagewinkel soll auf dem Wert Null gehalten werden, dann
ist der Sollwert w = 0. Zwei Fälle werden untersucht.
a) Der Lagewinkel wird direkt auf die Triebwerkssteuerung
gegeben (Eingangsgröße $x_e = x_d = -x$).
b) Es wird eine Stabilisierung über einen gefesselten Kreisel
vorgesehen (der Kreisel als D-Glied), so daß die Eingangsgröße $x_e = -(x + K_K\dot{x})$ mit $K_K = 0,3$ sec wird.
Durch eine Störung seien die Anfangsbedingungen x(0) = - 0,1
und $\dot{x}$(0) = 0. Für die Fälle a) und b) sind die Zustandskurven zu ermitteln. Die Verbindungslinien der Schaltpunkte
(Schaltlinien) sind einzutragen. Als Zustandsgrößen wähle
man $x_1 = x$, $x_2 = \dot{x}$.

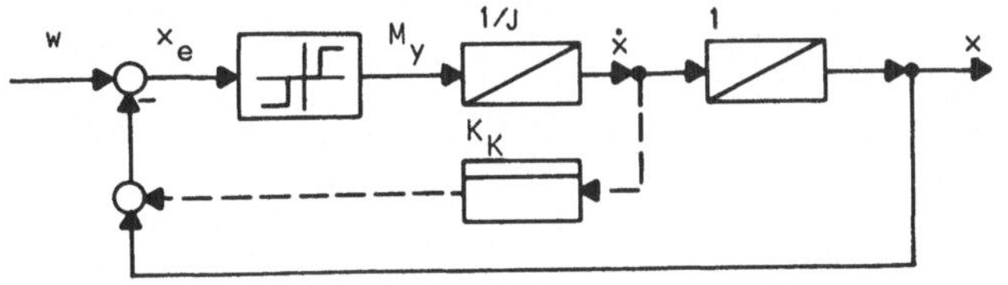

Bild 82   Wirkungsplan zur Dreipunkt-Lageregelung

Der Wirkungsplan dieser Regelung ist in Bild 82 dargestellt. Die Rückführung für die Stabilisierung ist gestrichelt. Die Differentialgleichungen der Zustandsgrößen lauten

$$\dot{x}_1 = x_2 \qquad \text{und} \qquad \dot{x}_2 = M_y/J$$

Daraus ergibt sich die Differentialgleichung für die
Zustandskurven

$$\frac{dx_2}{dx_1} = \frac{M_y}{J x_2}$$

Die Integration liefert

$$x_2^2 - x_{20}^2 = 2 \frac{M_y}{J} (x_1 - x_{10})$$

wobei X_{10} und X_{20} die Anfangswerte darstellen. Die Zustandskurven sind Parabeln mit den Scheiteln auf der x_1-Achse, sie
öffnen sich nach rechts für $M_y > 0$ und nach links für $M_y < 0$.
Für $M_y = 0$ ist $x_2 =$ konstant, und x_1 ändert sich proportional mit der Zeit. Der Fall a) ist in Bild 83 dargestellt.
mit $X_{10} = - 0,1$ wird $M_y = 9$ Nm. Die Zustandskurve verläuft
nach einer nach rechts geöffneten Parabel in der oberen Halbebene, bis $x_1 = - 0,02$ wird. Dann schaltet die Triebwerkssteuerung ab, $M_y = 0$, und x_2 bleibt konstant. x_1 steigt mit
konstanter Geschwindigkeit bis zum Wert $+ 0,02$. Dann wird

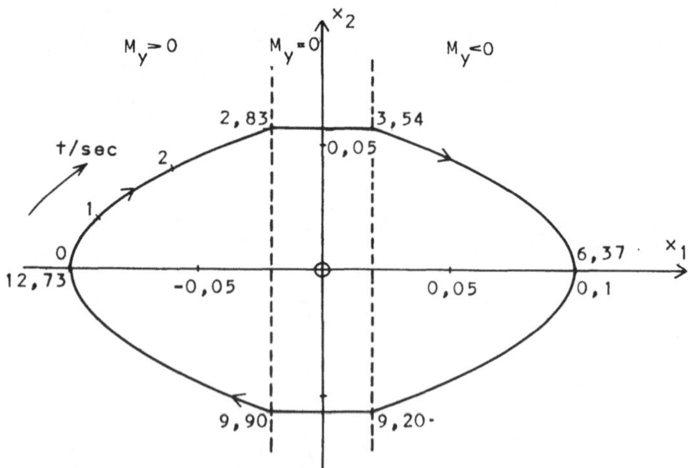

Bild 83 Zustandskurve für die ungedämpfte Lagewinkelregelung

$M_y = -9$ Nm, und die Zustandskurve verläuft nun nach einer nach links geöffneten Parabel. Zunächst steigt x_1 weiter, bis x_2 das Vorzeichen wechselt. Dann nimmt x_1 ab, und beim Unterschreiten von $x_1 = 0,02$ wird M_y abgeschaltet. x_1 sinkt nun mit konstanter Geschwindigkeit, und bei $x_1 = -0,02$ wird M_y auf den positiven Wert umgeschaltet. Die Schaltpunkte liegen symmetrisch; es ergibt sich eine geschlossene Kurve, d.h. das System führt eine Dauerschwingung aus, deren Amplitude durch die Anfangswerte bestimmt ist. Die Schaltpunkte aller Zustandskurven liegen auf den Geraden $x_1 = -0,02$ und $x_1 = +0,02$ parallel zur x_2-Achse. In Bild **83** sind diese Linien gestrichelt.

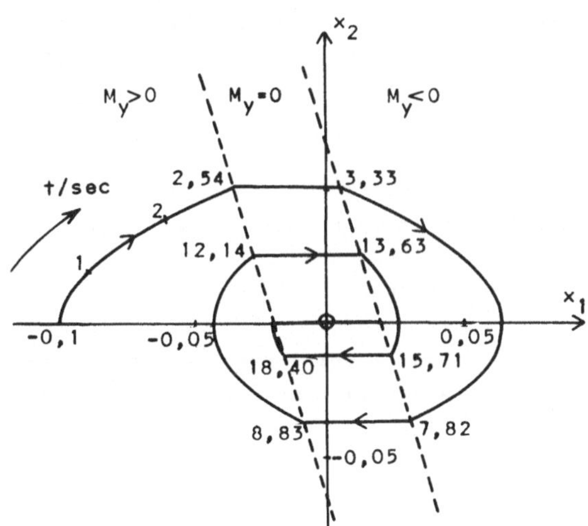

Bild **84** Zustandskurve für die stabilisierte Lagewinkelregelung

Im Fall b) (vergl. Bild **84**) ändert sich die Schaltbedingung, nämlich $M_y = 9$ Nm für $x_1 + 0,3x_2 \leq -0,02$ und $M_y = -9$ Nm für $x_1 + 0,3x_2 \geq 0,02$. Die Schaltpunkte für die Umschaltungen zwischen $M_y = 9$ Nm und $M_y = 0$ liegen auf der Geraden $x_2 = -10/3\, x_1 - 1/15$. Entsprechend liegen die Schaltpunkte

für die Umschaltungen zwischen $M_y = -9$ Nm und $M_y = 0$ auf
der Geraden $x_2 = -10/3\, x_1 + 1/15$. Die geneigten Schaltge-
raden bewirken, daß die Zustandskurve nach jedem Umschalten
auf einer engeren Parabel verläuft und sich damit dem Ursprung nähert. Die Kurve endet im Punkt (- 0,02; 0). Wenn
$M_y = 0$ bleibt, behält x_1 den Wert - 0,02 bei. Mit dieser
Regelung kann der Lagewinkel nicht vollständig null gemacht
werden. Die Regelung spricht erst an, wenn der Lagewinkel x_1
den Toleranzbereich $\pm$ 0,02 überschreitet.

Für den Zeitmaßstab findet man aus der Differentialgleichung
für x_2, daß auf den Parabeln $\Delta t = J\,\Delta x_2/M_y$
auf den Geraden $\Delta t = \Delta x_1/X_{2k}$ gilt; X_{2k} ist
der konstante Wert von x_2, der sich jeweils beim Umschalten
auf $M_y = 0$ eingestellt hat.

<u>Aufgabe 53:</u> In Anlehnung an Beispiel 24 in [2] soll die
Zustandskurve einer Zweipunkt-Temperaturregelung ermittelt
werden. Die Zustandsgrößen sind nach Bild 85a zu wählen.
Dann ist x_1 die Temperaturänderung. Als Konstanten seien
folgende Werte gegeben: Übertragungsbeiwert der P-T_2-Strecke
K = 3, Verhältnis der Zeitkonstanten T_1/T_2 = 5, Maximalwert
der Stellgröße Y_s = 1, Schaltdifferenz ε = 0,1. Die Führungsgröße sei $w(t) = W \cdot \varepsilon(t)$ mit W = 0,8.

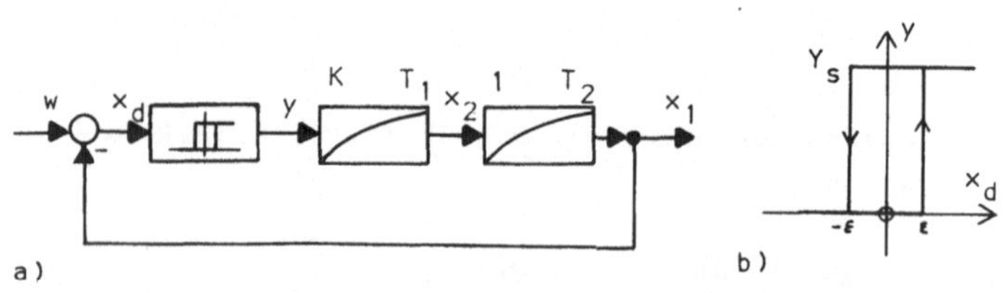

Bild 85   Wirkungsplan der Temperaturregelung (a) und
           Kennlinie des Zweipunktreglers (b)

<u>Beispiel 21</u>: Der Einfluß von Getriebelose bei einer Folge-
regelung wird untersucht.

In Beispiel 14 wurde eine Folgeregelung behandelt. Wir wollen
mit dem Zwei-Ortskurven-Verfahren untersuchen, welchen Einfluß Getriebespiel hat. Dem linearen Übertragungsglied mit
der Übertragungsfunktion $F_o(s)$ ist das nichtlineare Übertragungsglied mit der Kennlinie f(x) nachgeschaltet (vergl.
Bild 86a und 86b). Bei Verwendung eines P-Reglers ist

$$F_o(s) = \frac{K_{Io}}{s(1 + Ts)} \qquad \text{mit } K_{Io} = 1 \text{ sec}^{-1}, \ T = 0,25 \text{ sec}$$

Die Steigung der Kennlinie sei 1.

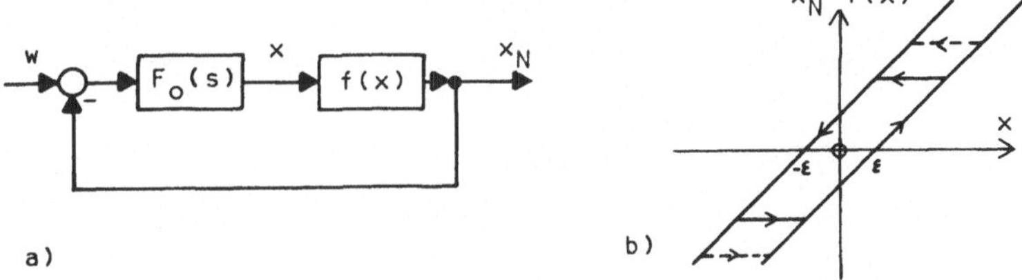

Bild 86   Wirkungsplan der nichtlinearen Folgeregelung (a)
             und Kennlinie der Getriebelose (b)

Für das Zwei-Ortskurven-Verfahren braucht man die Beschreibungsfunktion des nichtlinearen Übertragungsgliedes. Mit
$x(t) = X_s \sin \omega t$ berechnet man die Beschreibungsfunktion
nach [2] Abschnitt 7.4.1

$$N(X_s) = \frac{1}{\pi X_s} \int_0^{2\pi} f(x) \ (\sin \omega t + j \cos \omega t) \ d(\omega t)$$

In Bild 87 wird gezeigt, wie man aus dem gegebenen Verlauf
der Eingangsgröße x(t) durch Spiegelung an der Kennlinie den
Verlauf der Ausgangsgröße $x_N(t)$ bestimmt. Außerdem erhält man
die Grenzen für die einzelnen Integrationsschritte. Man sieht,
daß wegen der Symmetrie der Kennlinie nur über eine halbe
Periode integriert werden muß, z.B. über das Intervall $[0;\pi]$
oder das Intervall $[-\pi/2; \ +\pi/2]$.

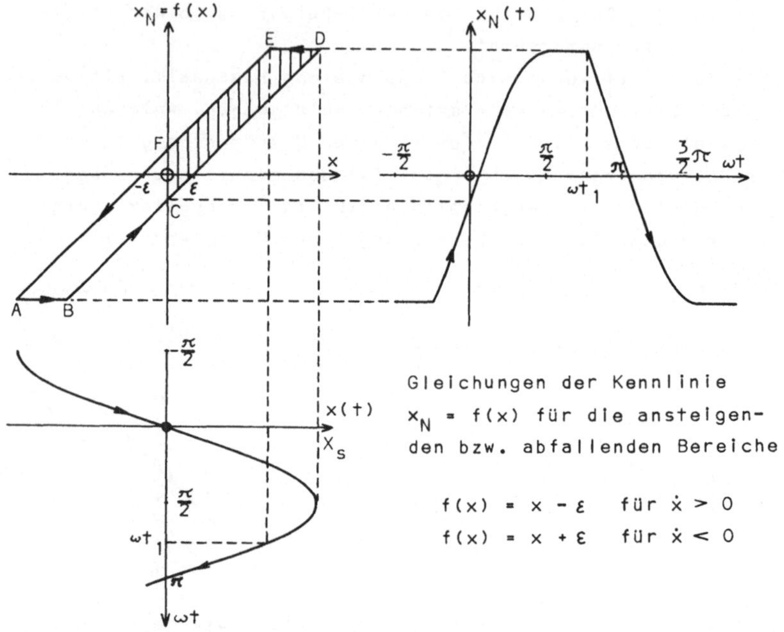

Bild 87 Diagramm zur Ermittlung der Integrationsschritte

Hier soll ein andrer als der in [2], Abschnitt 7.4.1 gezeig-
te Weg beschritten werden. Aus der Gleichung $x = X_s \sin ωt$
folgt

$$\sin ωt = \frac{x}{X_s} \quad \text{und} \quad \cos ωt = \sqrt{1 - \left(\frac{x}{X_s}\right)^2}$$

Damit wird $d(ωt) = dx / \sqrt{X_s^2 - x^2}$

Real- und Imaginärteil der Beschreibungsfunktion sollen
getrennt behandelt werden.

In $$\text{Re } N(X_s) = \frac{2}{\pi X_s} \int_{-\pi/2}^{+\pi/2} f(x) \sin ωt \, d(ωt)$$

ersetzen wir $\sin ωt$ und $d(ωt)$ und erhalten

$$\mathrm{Re}\ N(X_s) = N_R(X_s) = \frac{2}{\pi X_s^2} \int_{-X_s}^{X_s} \frac{xf(x)}{\sqrt{X_s^2 - x^2}}\ dx$$

In diesem Fall wird die mehrdeutige Funktion f(x) von A über B und C bis D durchlaufen. Entsprechend müssen die Integrationsschritte und das jeweils gültige f(x) eingesetzt werden.

$$N_R(X_s) = \frac{2}{\pi X_s^2} \left[\int_{-X_s}^{-X_s+2\varepsilon} \frac{-x(X_s - \varepsilon)}{\sqrt{X_s^2 - x^2}}\ dx + \int_{-X_s+2\varepsilon}^{X_s} \frac{x(x - \varepsilon)}{\sqrt{X_s^2 - x^2}}\ dx \right]$$

Nach Ausführung der Integration erhält man

$$N_R(X_s) = \frac{1}{\pi} \left[(1 - 2\frac{\varepsilon}{X_s}) \sqrt{4\frac{\varepsilon}{X_s}(1 - \frac{\varepsilon}{X_s})} + \mathrm{Arcsin}(1 - 2\frac{\varepsilon}{X_s}) + \frac{\pi}{2} \right]$$

oder durch Vergleich mit Bild 87

$$N_R(X_s) = \frac{1}{\pi} \left[\sin\omega t_1\ \cos\omega t_1 + \omega t_1 + \frac{\pi}{2} \right]$$

Diese Form erhält man auch direkt durch Integration über ωt. Mit dem Imaginärteil der Beschreibungsfunktion verfahren wir ebenso. Wir ersetzen $\cos\omega t$ und $d(\omega t)$ in

$$\mathrm{Im}\ N(X_s) = \frac{2}{\pi X_s} \int_0^{\pi} f(x)\ \cos\omega t\ d(\omega t)$$

und erhalten

$$\mathrm{Im}\ N(X_s) = N_I(X_s) = \frac{2}{\pi X_s^2} \int f(x)\ dx$$

Die Integrationsgrenzen entnehmen wir Bild 87. Wir stellen fest, daß die Kennlinie von C über D und E bis F durchlaufen wird. Das bedeutet, daß das Integral den negativen Flächeninhalt der schraffierten Fläche darstellt. Man kann also für den Imaginärteil der Beschreibungsfunktion ansetzen

$$N_I(X_s) = - \frac{1}{\pi X_s^2}\ \text{(Flächeninhalt der von der Kennlinie umschriebenen Fläche)}$$

Das gilt für jede Kennlinie mit Hysterese. Für Kennlinien

ohne Hysterese ist die Beschreibungsfunktion reell. Somit
erhält man

$$N_I(X_s) = -\frac{4}{\pi X_s}\varepsilon\left(1 - \frac{\varepsilon}{X_s}\right)$$

oder

$$N_I(X_s) = -\frac{1}{\pi}\cos^2\omega t_1$$

Im Zwei-Ortskurven-Verfahren wird untersucht, ob sich die
Ortskurven von $F_o(j\omega)$ und $-1/N(X_s)$ oder von $N(X_s)$ und
$-1/F_o(j\omega)$ schneiden, und ob die zu solch einem Schnittpunkt gehörende Schwingung stabil ist. Die Ortskurven von
$N(X_s)$ und $-1/F_o(j\omega)$ in Bild 88 haben keinen Schnittpunkt. Der Regelkreis führt keine Dauerschwingung aus.

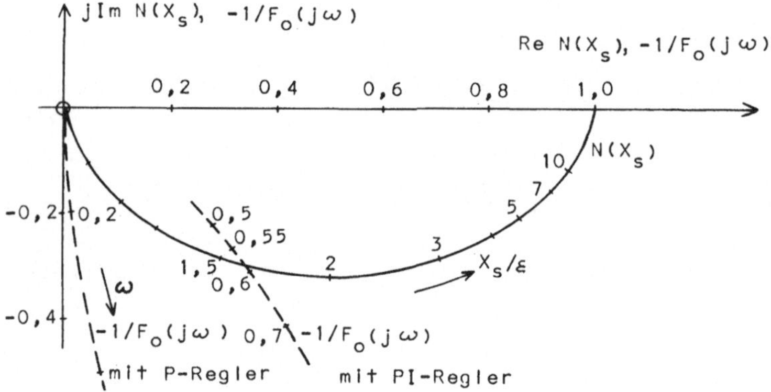

Bild 88   Ortskurven zur Folgeregelung mit Getriebelose

In Beispiel 14 wurde gezeigt, daß ein PI-Regler das Führungsverhalten verbessert. In diesem Fall ist die Übertragungsfunktion des linearen Teils

$$F_o(s) = \frac{K_{Io}(1 + T_n s)}{T_n s^2(1 + Ts)} \quad \text{mit } K_{Io} = 1/\text{sec}, \; T_n = 2 \text{ sec}, \; T = 0,25 \text{ sec}$$

Die beiden Ortskurven schneiden sich in $(0,345 - j0,3)$, vergl.
Bild 88 . Nach dem Kriterium in [2], Abschnitt 7.5.1 führt
der Regelkreis eine Dauerschwingung aus, deren Grundschwin-
gung die Kreisfrequenz $\omega = 0,58/\text{sec}$ und die Amplitude

$X_S = 1,6\varepsilon$ hat. Zur Illustration sind in Bild 89 für beide Fälle die Sprungantworten gezeigt. Die gestrichelten Linien stellen die Sprunganworten aus Beispiel 14 dar. Im ersten Fall (P-Regler) ist der Einfluß des Getriebes nur beim Anlaufen zu erkennen. Im zweiten Fall (PI-Regler) wird durch die Getriebelose ein höheres Überschwingen verursacht. Außerdem tritt die mit dem Zwei-Ortskurven-Verfahren nachgewiesene Dauerschwingung auf.

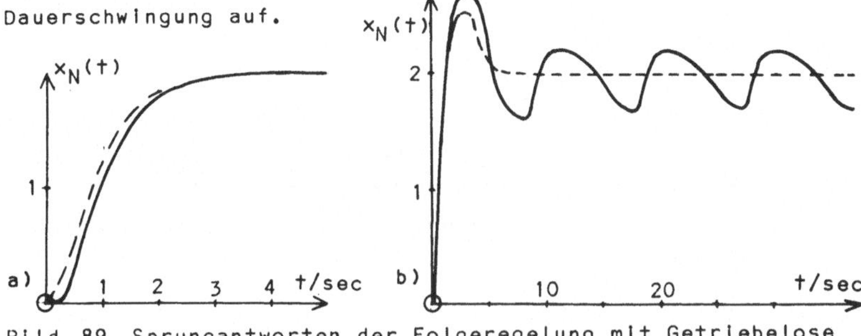

Bild 89 Sprungantworten der Folgeregelung mit Getriebelose mit P-Regler (a) und PI-Regler (b)

__Aufgabe 54 :__ Bild 90 stellt eine vereinfachte Magnetisierungskennlinie dar. Ein Stellglied mit derartiger Charakteristik arbeite mit einer $P-T_3$-Strecke mit drei gleichen Zeitkonstanten T in einem Kreis zusammen. Das Verhalten dieses Kreises ist mit dem Zwei-Ortskurven-Verfahren zu untersuchen: Wie beeinflussen die Hysterese ε des Stellgliedes und der Verstärkungsfaktor K der Strecke das Verhalten? Man wähle die Verstärkung K = 2; 4; 8 und die

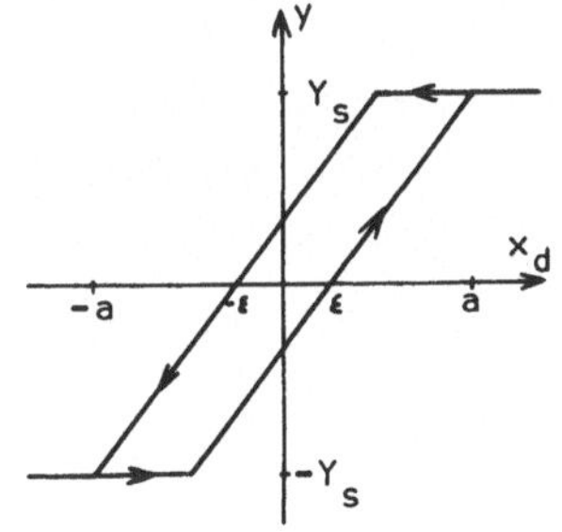

Bild 90 Hysterese-Kennlinie

Hysterese ε = 0; 0,25a; 0,5a und ε = a mit a = 1 und Y_s = 1 Dabei ist a der Wert der Eingangsgröße x_d, bei dem die Stellgröße y den Maximalwert Y_s erreicht.

5. Abtastregelungen

Aufgabe 55: In [2] , Beispiel 31 wird die Führunsübertragungsfunktion

$$F_{zw}(z) = \frac{0,10788\ z^2 - 10,458\cdot10^{-3}\ z - 86,150\cdot10^{-3}}{z^3 - 2,4517\ z^2 + 2,1556\ z - 0,69268}$$

eines Regelkreises berechnet. Sie ist der Quotient zwischen den z-Transformierten der Regelgröße und der Führungsgröße. Unter der Annahme, daß die Führungsgröße den zeitlichen Verlauf der Einheitssprungerregung hat

$$w(t) = 1 \cdot \mathcal{E}(t)$$

sind die Abtastwerte der Regelgröße $x_k = x(k\tau)$ für $k = 0, 1 \ldots\ldots 10$ zu berechnen. (τ = Abtastperiode, in diesem Beispiel 0,6 sec).

Aufgabe 56: Gegeben sei eine $P-T_3$-Strecke mit der Übertragungsfunktion

$$F_S(s) = \frac{K_S}{(1 + T_1 s)(1 + T_2 s)(1 + T_3 s)}$$

und den Daten

$$K_S = 2 \qquad T_1 = 4\ sec \qquad T_2 = 1,5\ sec \qquad T_2 = 0,5\ sec$$

Die Ausgangsgröße (Regelgröße x) wird mit der Abtastperiode $\tau = 0,2$ sec abgetastet. Gesucht ist die z-Übertragungsfunktion $F_{zS}(z)$.

Beispiel 22: Gegeben sei eine $I-T_2$-Strecke mit der Übertragungsfunktion

$$F_S(s) = \frac{K_{IS}}{s(1 + T_1 s)(1 + T_2 s)}$$

und den Daten $K_{IS} = 0,75/sec \qquad T_1 = 12\ sec \qquad T_2 = 0,4\ sec$

Die Ausgangsgröße (Regelgröße x) werde mit der Abtastperiode $\tau = 0,2$ sec abgetastet.
Es ist die z-Übertragungsfunktion zu berechnen. Die Strecke soll mit einem digitalen Regler mit PID-Algorithmus geregelt werden. Der Regler ist zu dimensionieren und der Regelkreis mit dem Nyquist-Kriterium auf Stabilität zu überprüfen.

Zunächst wird die analoge Übertragungsfunktion in Partial-
brüche zerlegt. Man findet

$$F_S(s) = \frac{0,75/\text{sec}}{s} - \frac{9,3103448}{1 + T_1 s} + \frac{0,0103448}{1 + T_2 s}$$

Nach [2], Gl (107) und (109) erhält man daraus bei
$\tau = 0,2$ sec die z-Übertragungsfunktion

$$F_{zS}(z) = \frac{0,15}{z - 1} - 9,3103448 \frac{1 - e^{-1/60}}{z - e^{-1/60}} + 0,0103448 \frac{1 - e^{-0,5}}{z - e^{-0,5}}$$

$$= \frac{0,15}{z - 1} - \frac{0,15388646}{z - e^{-1/60}} + \frac{4,07037 \cdot 10^{-3}}{z - e^{-0,5}}$$

$$= \frac{0,183909 \cdot 10^{-3} z^2 + 0,649538 \cdot 10^{-3} z + 0,142075 \cdot 10^{-3}}{z^3 - 2,59000 z^2 + 2,18651 z - 0,596506}$$

Da eine Reglerdimensionierung nach dem z-Bode-Diagramm kom-
pliziert ist und meist auch nicht zu optimalen Ergebnissen
führt, liegt es nahe, einen analogen PID-Regler zum Vergleich heranzuziehen; dazu ist zunächst das analoge Bode-
Diagramm der Regelstrecke zu zeichnen (s. Bild 91). Es zeigt
sich jedoch, daß die Daten des analogen Regelverstärkers di-
gital nicht erreicht werden können. Das liegt an den unver-
meidlichen Verzögerungen beim Abtastvorgang, die die Stabilität des Regelkreises verschlechtern. Erfahrungsgemäß lassen
sich diese Verzögerungen durch eine Totzeit vom 0,8-fachen
der Abtastperiode τ in etwa berücksichtigen. Diese Totzeit
- hier 0,16 sec - führt zu einer Veränderung der Streckenphase φ_S. Diese Kurve ist im Bild 91 unter der Bezeichnung
φ_S^* eingezeichnet.

Setzt man voraus, daß die Betragsreserve ε mindestens 8 dB
und die Phasenreserve δ mindestens 50° betragen sollen, so
erhält man nach den bekannten Methoden die Daten für den PID-
Regler $\qquad K_P = 2,8 \qquad T_n = 28$ sec $\qquad T_v = 4$ sec

Für den digitalen Regler erhält man als nach [2], Gl (106)
die z-Übertragungsfunktion

$$F_{zR}(z) = 2,8 \cdot \frac{21,0071 z^2 - 41 z + 20}{z(z - 1)}$$

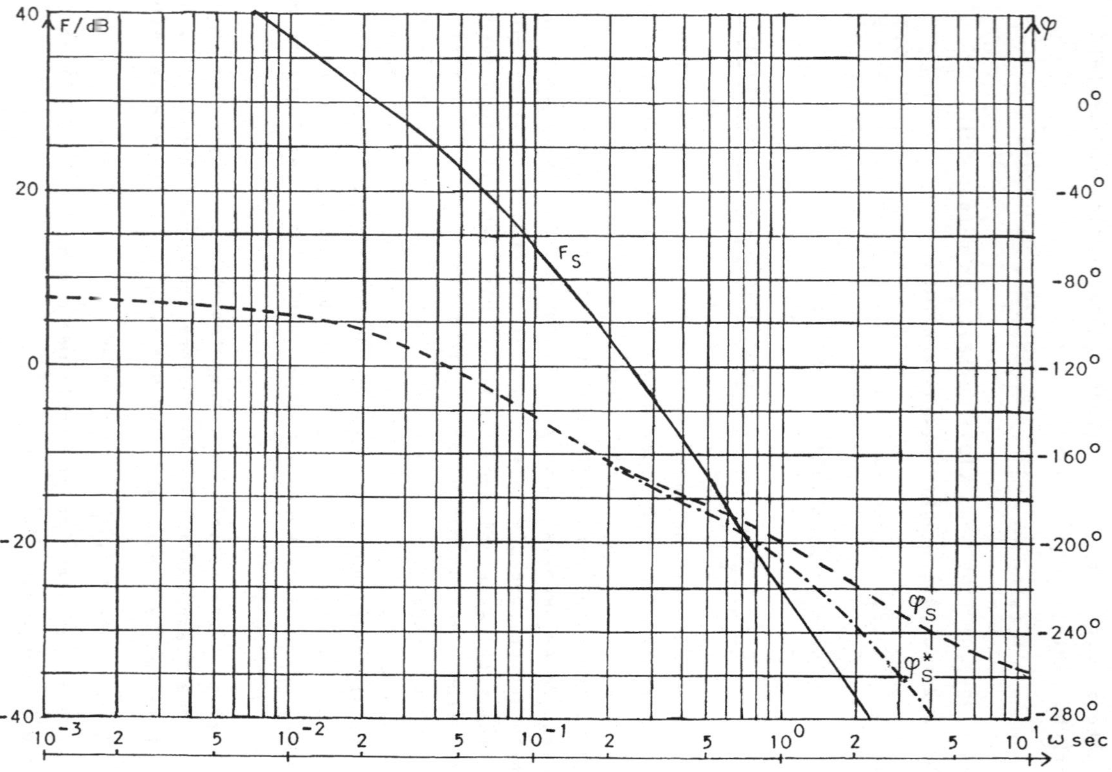

Bild 91 Analoges Bode-Diagramm der Strecke von Beispiel 22

oder
$$F_{zR}(z) = \frac{58,82\,z^2 - 114,8\,z + 56}{z(z - 1)}$$

Aus dieser Übertragungsfunktion läßt sich die Beziehung für den PID-Algorithmus des Reglers berechnen. Nach Kürzen des Bruches durch z^2 erhält man wegen $F_{zR}(z) = \bar{y}(z)/\bar{x}_d(z)$

$$\bar{y}(z) = z^{-1}\bar{y}(z) + (58,82 - 114,8\,z^{-1} + 56\,z^{-2})\bar{x}_d(z)$$

(wo x_d die Eingangsgröße, y die Ausgangsgröße des Regelverstärkers sind). Dabei bedeutet die Multiplikation mit z^{-1} jeweils eine Verzögerung um eine Abtastperiode τ . In Abhängigkeit von der Zeit ist demnach die entsprechende Gleichung zu schreiben

$$y(t) = y(t-\tau) + 58,82 \cdot x_d(t) - 114,8 \cdot x_d(t-\tau) + 56 \cdot x_d(t-2\tau)$$

Für die Abtastfolge y_k ergibt sich dann

$$y_k = y_{k-1} + 58,82 \cdot x_{dk} - 114,8 \cdot x_{d,k-1} + 56 \cdot x_{d,k-2}$$

Das ist die Gleichung des gesuchten Regelalgorithmus.

Durch Ausmultiplizieren der z-Übertragungsfunktionen von Strecke und Regelverstärker erhält man die z-Kreisübertragungsfunktion

$$F_{zo}(z) = 10,8175 \cdot 10^{-3} \cdot$$

$$\cdot \frac{z^4 + 1,58013 \cdot z^3 - 5,16858 \cdot z^2 + 1,85476 \cdot z + 0,735494}{z^5 - 3,59 \cdot z^4 + 4,77651 \cdot z^3 - 2,78301 \cdot z^2 + 0,596506 \cdot z}$$

Bild 92 zeigt die z-Ortskurve $F_{zo}(z)$ für $z = e^{j\psi}$, $0 \leq \psi \leq \pi$. Für ψ-Werte von π bis 2π setzt sich die Kurve spiegelbildlich zur reellen Achse fort. Die Ortskurve umschließt den kritischen Punkt -1 nicht, der Regelkreis ist somit stabil. Man bestimmt die Betragsreserve ε zu 17 dB und die Phasenreserve δ zu 53°. Die gestellten Forderungen sind also gut erfüllt.

Aus der Kreisübertragungsfunktion $F_{zo}(z)$ läßt sich die Führungsübertragungsfunktion berechnen. Aus der Beziehung

$$F_{zW}(z) = F_{zo}(z)/(1 + F_{zo}(z)) \qquad \text{wird}$$

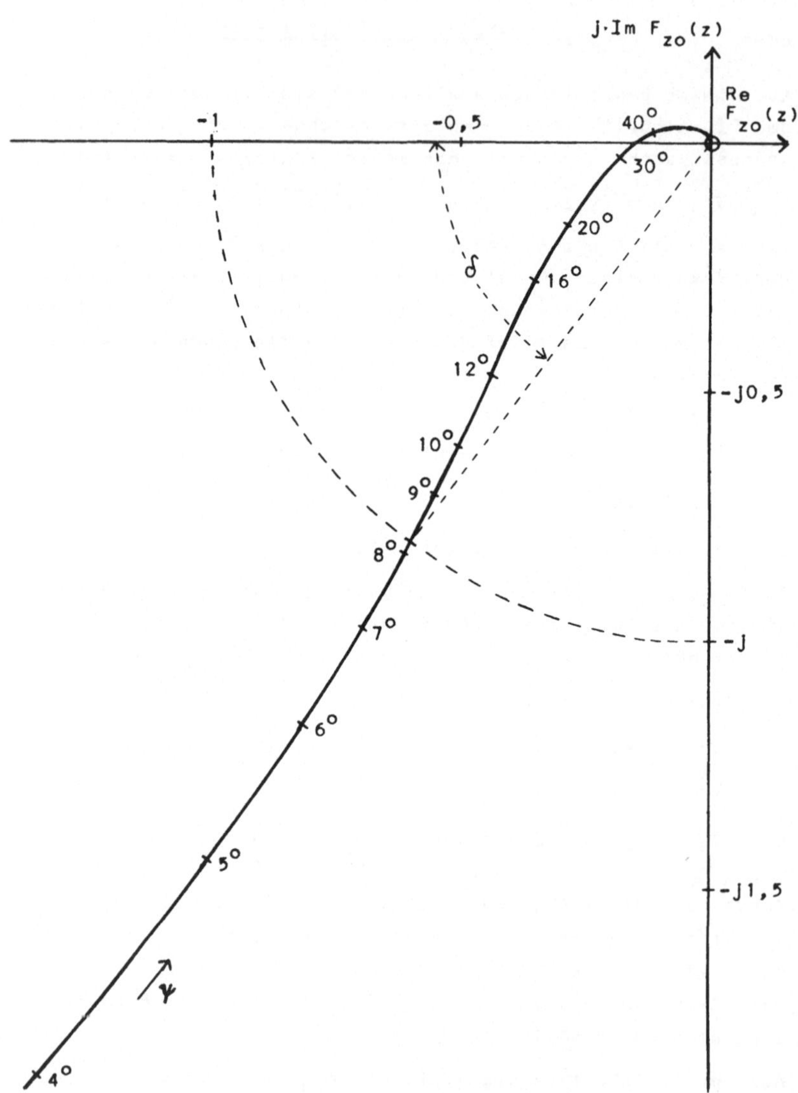

Bild 92 z-Ortskurve $F_{zo}(z)$ von Beispiel 22

$$F_{zw}(z) = 10{,}82 \cdot 10^{-3} \cdot$$

$$\cdot \frac{z^4 + 1{,}580\, z^3 - 5{,}169\, z^2 + 1{,}855\, z + 0{,}7355}{z^5 - 3{,}579\, z^4 + 4{,}794\, z^3 - 2{,}839\, z^2 + 0{,}6166\, z + 7{,}956 \cdot 10^{-3}}$$

Wegen $F_{zw}(z) = \bar{x}(z)/\bar{w}(z)$ ergibt sich als Zusammenhang zwischen den Abtastwerten x_k der Regelgröße und w_k der Führungsgröße

$$x_k = 10{,}82 \cdot 10^{-3} \cdot (w_{k-1} + 1{,}580\, w_{k-2} - 5{,}169\, w_{k-3} + 1{,}855\, w_{k-4}$$

$$+ 0{,}7355\, w_{k-5}) + 3{,}579\, x_{k-1} - 4{,}794\, x_{k-2} + 2{,}839\, x_{k-3}$$

$$- 0{,}6166\, x_{k-4} - 7{,}956 \cdot 10^{-3}\, x_{k-5}$$

Nimmt man w als Einheitssprungerregung $w(t) = 1 \cdot \mathcal{E}(t)$ an, so ist

$$w_k = \begin{cases} 0 \text{ für } k < 0 \\ 1 \text{ für } k \geqq 0 \end{cases}$$

zu setzen. Nach dieser Gleichung errechnen sich die ersten Abtastwerte der Regelgröße zu

$$x_0 = 0 \qquad x_1 = 0{,}011 \qquad x_2 = 0{,}067 \qquad x_3 = 0{,}159$$

$$x_4 = 0{,}271 \qquad x_5 = 0{,}393 \qquad x_6 = 0{,}514 \qquad x_7 = 0{,}631$$

$$x_8 = 0{,}738 \qquad x_9 = 0{,}835 \qquad x_{10} = 0{,}918 \qquad x_{11} = 0{,}990$$

Im weiteren Verlauf steigt die Regelgröße x noch bis etwa 1,2 an, um dann wieder auf den Endwert 1 abzufallen.

<u>Aufgabe 57</u>: Die Regelstrecke von Aufgabe 56 läßt sich im Wirkungsplan von Bild 93 wiedergeben

$$y \longrightarrow \boxed{K_S \quad T_1} \xrightarrow{\;x_3\;} \boxed{1 \quad T_2} \xrightarrow{\;x_2\;} \boxed{1 \quad T_3} \longrightarrow x = x_1$$

Bild 93 Wirkungsplan einer P-T$_3$-Strecke

Dabei ist $K_S = 2$ $\quad T_1 = 4$ sec $\quad T_2 = 1{,}5$ sec $\quad T_3 = 0{,}5$ sec

Gesucht wird ein Regelalgorithmus, der bei einer Abtastperiode $\tau = 1$ sec die Ausgangsgröße x_1 in drei Perioden auf den Endwert $x_1 = 1$ einstellt. Die drei Zustandsgrößen x_1, x_2, x_3 sollen laufend erfaßt werden; der Algorithmus soll die Form

$$y = K_o \cdot w - K_1 \cdot x_1 - K_2 \cdot x_2 - K_3 \cdot x_3$$

haben. Dabei ist y die Stellgröße; die Führungsgröße w ist
mit $w(t) = 1 \cdot \varepsilon(t)$ anzusetzen.

Es sind die Werte der Stellgröße y und die Abtastwerte der
Zustandsgrößen x_1 , x_2 , x_3 bis zum Erreichen des stationären Zustandes zu berechnen.

Beispiel 23: In vielen Fällen lassen sich nicht alle Zustandsgrößen der Regelstrecke laufend erfassen. Nach [2] , Abschn. 8.6.5 sind Regelungen mit endlicher Einstellzeit trotz-
dem möglich, doch ist zum Erreichen des Endwertes eine entsprechend längere Zeit, d. h. eine höhere Anzahl von Abtast-
perioden erforderlich.

Wir wollen in diesem Beispiel davon ausgehen, daß an der Regelstrecke von Bild 93 nur die Regelgröße $x = x_1$ der Messung zugänglich ist. Die fehlende Information über die Zustandsgrößen x_2 und x_3 ist dann durch Messung der Werte
der Regelgröße x zu den beiden letzten vergangenen Abtast-
perioden zu ersetzen, so daß drei aufeinander folgende Werte
x_{k-2} , x_{k-1} , x_k zur Verfügung stehen. Zur Einstellung der
Regelgröße x braucht man dann fünf Perioden (zwei zusätzlich, gegenüber Aufg. 57, weil zwei Informationen über x_2 und
x_3 fehlen). Die Abtastperiode sei auch hier wieder $\tau = 1$ sec.

Wir gehen von der Regeldifferenz $x_d = w - x$ aus. Da der Algorithmus zur Berechnung der Stellgröße y um zwei Abtast-
perioden zurückgreift, soll er auch die entsprechenden gespei-
cherten Werte von y enthalten. Er muß demnach von der Form
sein

$$y_k = D_o x_{dk} + D_1 x_{d,k-1} + D_2 x_{d,k-2} + C_1 y_{k-1} + C_2 y_{k-2}$$

mit noch unbekannten Konstanten D_o , D_1 , D_2 , C_1 , C_2 .
Durch z-Transformation erhält man

$$\bar{y}(z) = (D_o + D_1 z^{-1} + D_2 z^{-2})\bar{x}_d(z) + (C_1 z^{-1} + C_2 z^{-2})\bar{y}(z)$$

und daraus die z-Übertragungsfunktion des Regelverstärkers

$$F_{zR}(z) = \frac{\bar{y}(z)}{\bar{x}_d(z)} = \frac{D_o z^2 + D_1 z + D_2}{z^2 - C_1 z - C_2}$$

Die z-Übertragungsfunktion der Regelstrecke wird wie in Aufgabe 56 berechnet. Dabei kann die Partialbruchzerlegung unverändert übernommen werden

$$F_S(s) = \frac{3,6571429}{1 + T_1 s} - \frac{1,8}{1 + T_2 s} + \frac{0,14285714}{1 + T_3 s}$$

Wegen der veränderten Abtastperiode erhält man jedoch eine andere z-Übertragungsfunktion

$$F_{zS}(z) = \frac{0,0566315\, z^2 + 0,116213\, z + 0,0132861}{z^3 - 1,42755\, z^2 + 0,574732\, z - 0,0541138}$$

Durch Multiplizieren mit der z-Übertragungsfunktion $F_{zR}(z)$ errechnet man die Kreisübertragungsfunktion $F_{zo}(z)$ mit dem Zähler

$$0,0566315\, D_o z^4 + (0,0566315\, D_1 + 0,116213\, D_o)z^3 +$$

$$+ (0,0566315\, D_2 + 0,116213\, D_1 + 0,0132861\, D_o)z^2 +$$

$$+ (0,116213\, D_2 + 0,0132861\, D_1)z + 0,0132861\, D_2$$

und dem Nenner

$$z^5 - (1,42755 + C_1)z^4 + (0,574732 + 1,42755\, C_1 - C_2)z^3 -$$

$$- (0,0541138 + 0,574732\, C_1 - 1,42755\, C_2)z^2 +$$

$$+ (0,0541138\, C_1 - 0,547732\, C_2)z + 0,0541138$$

Aus $F_{zo}(z)$ läßt sich die Führungssprungantwort

$$F_{zW}(z) = F_{zo}(z)/(1 + F_{zo}(z))$$

berechnen. Ihr Nenner ist gleich der Summe aus Zähler und Nenner der Kreisübertragungsfunktion $F_{zo}(z)$. Nach [2], Abschn. 8.6.4 muß dieser Nenner eine reine Potenz von z sein, in diesem Fall z^5. Aus der Bedingung, daß alle anderen Koeffizienten verschwinden, ergibt sich für die Unbekannten D_o, D_1, D_2, C_1, C_2 das Gleichungssystem

$$- C_1 \qquad\qquad +0{,}056631\ D_0 \qquad\qquad\qquad\qquad = 1{,}4276$$

$$1{,}4276\ C_1 \qquad - C_2 + 0{,}11621\ D_0 + 0{,}056631\ D_1 \qquad = -0{,}57473$$

$$-0{,}57473\ C_1 + 1{,}4276\ C_2 + 0{,}013286\ D_0 + 0{,}11621\ D_1 + 0{,}056631\ D_2$$
$$= 0{,}054114$$

$$0{,}054114\ C_1 - 0{,}57473\ C_2 \qquad +0{,}013286\ D_1 + 0{,}11621\ D_2 = 0$$

$$0{,}054114\ C_2 \qquad\qquad +0{,}013286\ D_2 = 0$$

Dieses System hat die Lösung

$$D_0 = 8{,}10571 \qquad D_1 = -4{,}18891 \qquad D_2 = 0{,}419957$$

$$C_1 = -0{,}968515 \qquad C_2 = -0{,}103109$$

Diese Werte bestimmen den Algorithmus für die Stufenwerte y_k der Stellgröße.

Gehen wir davon aus, daß die Führungsgröße w als Einheitssprungerregung $w(t) = 1 \cdot \mathcal{E}(t)$ verläuft, so lassen sich aus
der z-Übertragungsfunktion der Strecke und dem Regelalgorithmus die Abtastwerte der Stellgröße y und der Regelgröße x
berechnen. Sie sind in der folgenden Tabelle zusammengestellt

	y	x
k = 0	8,1057	0
k = 1	-7,65453	0,459038
k = 2	3,40393	1,16380
k = 3	-0,0417131	0,808474
k = 4	0,426327	0,801624
k = 5	0,403602	0,807204

Damit ist das System eingeschwungen, die Größen x und y
ändern sich nicht mehr. Man erkennt, daß die Regelgröße x
nicht auf den Wert der Führungsgröße $w = 1$ einschwingt,
sondern wesentlich darunter bleibt; es gibt eine bleibende
Regelabweichung. Im Führungsverhalten (nicht aber im Stör-
verhalten!) läßt sich diese Regelabweichung beseitigen, indem
sie bereits durch entsprechende Bewertung der Führungsgröße
kompensiert wird. Statt der Regeldifferenz x_d ist dann die
Größe $\tilde{x}_d = w/0{,}807204 - x = 1{,}23884\ w - x$ einzusetzen.

<u>Aufgabe 58:</u> Die Regelstrecke von Bild 93 soll mit einem digitalen Regler mit endlicher Einstellzeit bei einer Abtastperiode $\tau = 1$ sec geregelt werden. Durch einen I-Anteil im Regelverstärker soll erreicht werden, daß auch beim Störverhalten keine bleibende Regelabweichung auftritt.

Die Führungsgröße w verlaufe als Einheitssprungerregung

$$w(t) = 1 \cdot \mathcal{E}(t)$$

Alle Anfangswerte sind null. Es sind die Abtastwerte für die Zeitpunkte k (k = 0, 1, ... 6) der Stellgröße y und der Regelgröße x zu berechnen.

Lösungen der Aufgaben von Abschnitt 1.

Aufgabe 1 :   Wirkungsplan s. Bild

$$F(s) = \frac{u_a(s)}{u_e(s)} =$$

$$= \frac{\dfrac{n}{1+n}}{1 + \dfrac{n}{1+n}\, CRs}$$

Die Schaltung hat
$P\text{-}T_1$-Verhalten.

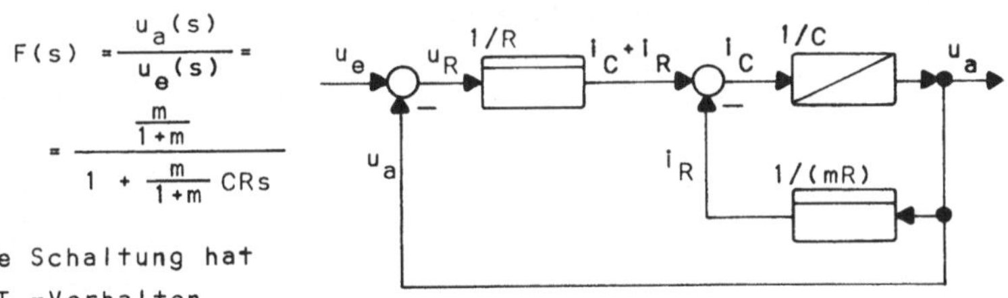

Bild 94 Wirkungsplan zum RC-Glied
von Bild 1

Aufgabe 2 :   Wirkungsplan s. Bild 95

$$F(s) = \frac{u_a(s)}{u_e(s)} =$$

$$= \frac{\dfrac{m}{1+m}}{1 + \dfrac{m}{1+m}\, CRs}$$

Die Schaltung hat
$P\text{-}T_1$-Verhalten

Bild 95 Wirkungsplan zum RC-Glied
von Bild 2

Aufgabe 3 :

$$F(s) = \frac{u_a(s)}{u_e(s)} = \frac{1 + CRs}{1 + (1+n)\, CRs} \qquad ((PD)\text{-}T_1\text{-Verhalten})$$

Aufgabe 4 :

$$F(s) = \frac{u_a(s)}{u_e(s)} = \frac{m}{1+m}\; \frac{1 + CRs}{1 + \dfrac{m}{1+m}\, CRs} \qquad ((PD)\text{-}T_1\text{-Verhalten})$$

Aufgabe 5 : Hier kommen drei Lösungswege in Frage :

1) Man wandelt die aus den drei Widerständen bestehende
Sternschaltung in eine Dreieckschaltung um. Den direkt an
u_e liegenden Widerstand läßt man dann weg, da u_a nicht von

ihm abhängt. Dann setzt man direkt das Spannungsverhältnis $u_a(s)/u_e(s)$ im Bildbereich an.

2) Man zeichnet die Schaltung in die für Spannungsteiler gewohnte Form um und setzt nacheinander zwei Spannungsverhältnisse im Bildbereich an. Durch deren Kombination und Umformung ergibt sich dann $F(s)$.

3) Man stellt die Einzelgleichungen für Bauteile, Knotenpunkte und Maschen im Bildbereich auf und legt dabei möglichst viele Gleichungen bereits in die Benennung der Ströme und Spannungen hinein. Aus der Kombination der Einzelgleichungen erhält man dann $F(s)$.

Der Rechenaufwand für die drei Lösungswege verhält sich etwa wie $3 : 2 : 1$. Es empfiehlt sich jedoch, die Aufgabe auf allen drei Lösungswegen durchzurechnen. Es ergibt sich

$$F(s) = \frac{u_a(s)}{u_e(s)} = \frac{\frac{1}{1+m}\left[1 + (m+mn+n)\,CRs\right]}{1 + \frac{1}{1+m}(m+mn+n)CRs} \qquad ((PD)-T_1\text{-Verhalten})$$

Aufgabe 6 :

$$F(s) = \frac{u_a(s)}{u_e(s)} = \frac{\frac{n}{m+mn+n}\cdot\left(1 + \frac{L}{nR}s\right)}{1 + \frac{(1+m)\,L}{(m+mn+n)R}\,s} \qquad ((PD)-T_1\text{-Verhalten})$$

Aufgabe 7 :

$$F(s) = \frac{u_a(s)}{u_e(s)} = \frac{1 + mnCRs}{1 + (1+mn+n)CRs + mnC^2R^2s^2} \qquad ((PD)-T_2\text{-Verhalten})$$

Aufgabe 8 :

$$F(s) = \frac{u_a(s)}{u_e(s)} = \frac{1 + (1+m)nCRs}{1 + (1+mn+n)CRs + mnC^2R^2s^2} \qquad ((PD)-T_2\text{-Verhalten})$$

Aufgabe 9 : Lösungsweg s. [1] Abschnitt 2.1.3, Beispiel 3 u. Abschnitt 2.2.2, Beispiel 11.

$$F(s) = \frac{u_a(s)}{u_e(s)} = \frac{m}{m+n}\cdot\frac{1 - \frac{n}{m}CRs}{1 + CRs} \qquad \begin{array}{l}\text{(Irreguläres Übertra-}\\\text{gungsglied, für } m = n\\\text{Allpaß 1. Ordnung)}\end{array}$$

<u>Aufgabe 10 :</u> Wirkungsplan s. Bild 96

$$F(s) = \frac{u(s)}{i(s)}$$

$$= R \cdot \left[\frac{1}{CRs} + 1 \right]$$

(PI-Verhalten)

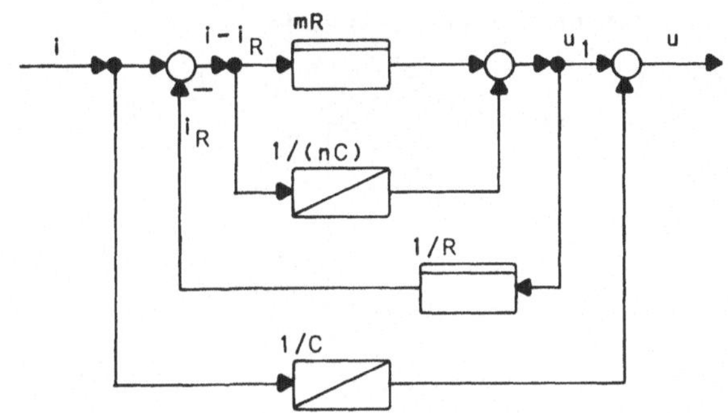

Bild 96 Wirkungsplan zum
RC-Glied von Bild 10

<u>Aufgabe 11 :</u> Wirkungsplan s. Bild 97

Bild 97 Wirkungsplan zum RC-Glied von Bild 11

Es handelt sich um ein (PID)-T_1-Glied mit der Übertragungsfunktion

$$F(s) = \frac{u(s)}{i(s)} = (1+mn+n)R \; \frac{\frac{1}{(1+mn+n)CRs} + 1 + \frac{mnCR}{1+mn+n}s}{1 + (1+m)nCRs}$$

<u>Aufgabe 12 :</u> Wirkungsplan s. Bild 98

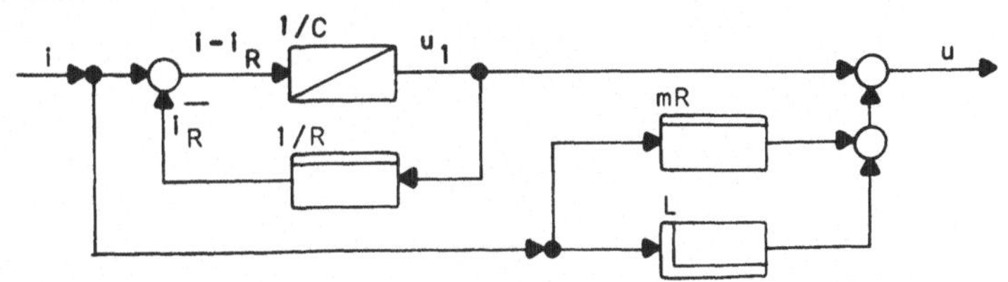

Bild 98 Wirkungsplan zum Schwingkreis von Bild 12

$$F(s) = \frac{u(s)}{i(s)} = (1+m)R \; \frac{1 + \frac{1}{1+m}\left(mCR + \frac{L}{R}\right)\cdot s + \frac{1}{1+m}CLs^2}{1 + CRs}$$

$$(P-T_1-T_2^{-1}-\text{Verhalten})$$

Aufgabe 13 :

$$F(s) = \frac{i(s)}{u(s)} = \frac{1}{R}(1 + CRs) \qquad\qquad (PD-\text{Verhalten})$$

Aufgabe 14 :

$$F(s) = \frac{i(s)}{u(s)} = \frac{Cs\left[1 + \frac{L}{(1+m)R}s\right]}{1 + \frac{mCR^2 + L}{(1+m)R}s + \frac{CL}{1+m}s^2} \qquad (D-(PD)-T_2-\text{Verhalten})$$

Aufgabe 15 :   Wirkungsplan s. Bild 99

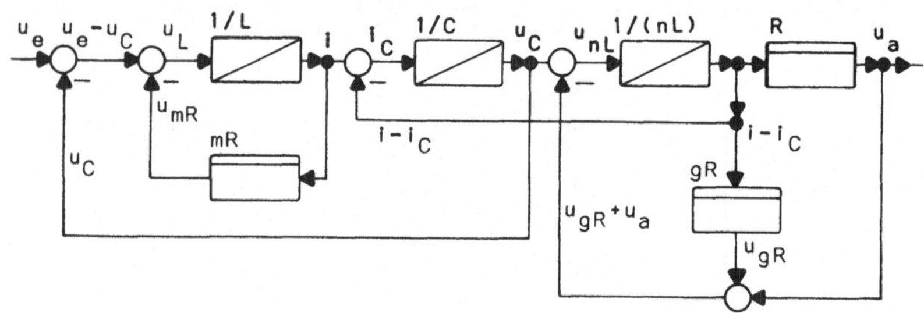

Bild 99   Wirkungsplan zum Tiefpass von Bild 15

Aufgabe 16 :

a)
$$F(s) = \frac{u_a(s)}{u_e(s)} = \frac{\frac{1}{1+m}}{1 + \frac{1}{1+m}\left[mCR + \frac{L}{R}\right]s + \frac{1}{1+m}CLs^2} \qquad (P-T_2-\text{Verhalten})$$

b) $\omega_o = 275 \text{ sec}^{-1}$ $\vartheta = 0,495$

$\omega_d = 238,9 \text{ sec}^{-1}$ $K_P = 0,826$

K_D entfällt

c) $u_a(t) = 8,26 \text{ V}\left[1 - 1,151 e^{-136,2t/\text{sec}}\cos(13,69°t/\text{msec} - 29,7°)\right]$

Aufgabe 17 :

a) $\quad F(s) = \dfrac{u_a(s)}{u_e(s)} = \dfrac{CRs}{1 + (1+m)\,CRs + CLs^2}$ $\qquad$ (D-T$_2$-Verhalten)

b) $\quad \omega_o = 250 \ \text{sec}^{-1}$ $\qquad\qquad\qquad \vartheta = 2{,}42$

$\quad \omega_d$ entfällt, da $\vartheta > 1$ $\qquad\qquad K_P$ entfällt

$\quad K_D = 16$ msec

c) $\quad u_a(t) = 9{,}08 \ V \left[e^{-t/(18{,}49 \ \text{msec})} - e^{-t/(0{,}865 \ \text{msec})} \right]$

Aufgabe 18 :

a) $\quad -F(s) = -\dfrac{u_a(s)}{u_e(s)} = \dfrac{m}{1 + mCRs}$ $\qquad$ (P-T$_1$-Verhalten)

b) $\quad u_a + mCR\dot{u}_a = -mu_e$

c) $\quad -h(t) = m \left[1 - e^{-t/(mCR)} \right]$

Aufgabe 19 :

a) $\quad -F(s) = -\dfrac{u_a(s)}{u_e(s)} = \dfrac{CRs}{1 + nCRs}$ $\qquad$ (D-T$_1$-Verhalten)

b) $\quad u_a + nCR\dot{u}_a = -CR\dot{u}_e$

c) $\quad -h(t) = \dfrac{1}{n}\, e^{-t/(nCR)}$

Aufgabe 20 :

a) $\quad -F(s) = -\dfrac{u_a(s)}{u_e(s)} = m(1+n) \ \dfrac{\dfrac{1}{m(1+n)CRs} + 1}{1 + mnCRs}$ $\qquad$ ((PI)-T$_1$-Verhalten)

b) $\quad u_a + mnCR\dot{u}_a = -m(1+n)\left[\dfrac{1}{m(1+n)CR} \int u_e\,dt + u_e \right]$

c) $\quad -h(t) = m + \dfrac{1}{CR}\,t - me^{-t/(mnCR)}$

Aufgabe 21 :

a) $\quad - F(s) \;=\; -\dfrac{u_a(s)}{u_e(s)} \;=\; m\,\dfrac{1 + CRs}{1 + mnCRs}$ $\qquad$ ((PD)-T_1-Verhalten)

b) $\quad u_a \;+\; mnCR\dot{u}_a \;=\; -\,m\left[u_e + CR\dot{u}_e\right]$

c) $\quad - h(t) \;=\; m \;+\; \left[\dfrac{1}{n} - m\right]\cdot e^{-t/(mnCR)}$

Aufgabe 22 :

Das Netzwerk von Bild 22 enthält zwei RC-Glieder mit den Übertragungsfunktionen

$$F_1(s) \;=\; \frac{u_C(s)}{u_e(s)} \;=\; \frac{\dfrac{m}{1 + m}}{1 + \dfrac{m}{1 + m}CRs}$$

und

$$F_3(s) \;=\; \frac{u_a(s)}{u_{aV}(s)} \;=\; \frac{1}{1 + nqCRs}$$

Bei der Übertragungsfunktion $F_1(s)$ ist die Belastung durch
den Widerstand mR , der wegen des virtuellen Erdpunktes am
Verstärkereingang praktisch parallel zur Kapazität C liegt,
bereits berücksichtigt. Der zwischen den RC-Gliedern liegen-
de Operationsverstärker wirkt als P-Glied mit der Übertragungsfunktion

$$F_2(s) \;=\; \frac{u_{aV}(s)}{u_C(s)} \;=\; -\,\frac{g}{m}$$

Er dient in erster Linie zur Entkopplung der beiden RC-Glieder. Als Übertragungsfunktion des gesamten Netzwerkes ergibt
sich

$$F(s) = F_1(s)F_2(s)F_3(s) \;=\; \frac{u_a(s)}{u_e(s)} \;=\; -\,\frac{\dfrac{g}{1 + m}}{\left(1 + \dfrac{m}{1 + m}CRs\right)(1 + nqCRs)}$$

Das Netzwerk hat P-T_2-Verhalten.

Aufgabe 23 :

a) $\quad - F(s) = -\dfrac{u_a(s)}{u_e(s)} \;=\; \dfrac{mCRs}{1 + (1 + mn)CRs + mnC^2R^2s^2}$

$\qquad$ (D-T_2-Verhalten)

b) $\quad 1 \leqq \vartheta < \infty$

<u>Aufgabe 24</u> :

a) $\quad -F(s) = -\dfrac{u_a(s)}{u_e(s)} = \dfrac{q\left[1 + (1 + n)CRs\right]}{1 + (n + mq)CRs + mnqC^2R^2s^2}$

b) $\quad 1 \leqq \vartheta < \infty$ $\hspace{4cm}$ ((PD)-T_2-Verhalten)

Aus der Übertragungsfunktion erhält man zunächst durch Vergleich mit [2] , Abschnitt 3.2.5 sowie mit der Normalform von Abschnitt 2.4 Tabelle 1 die Beziehungen

$$T_v = (1 + n)CR \qquad 2\vartheta/\omega_o = (n + mq)CR \qquad \omega_o^2 = \frac{1}{mnqC^2R^2}$$

Durch Eliminieren der Faktoren m und q ergibt sich für den Dämpfungsgrad

$$\vartheta = \frac{1}{2}\left(\frac{n}{n + 1}\,\omega_o T_v + \frac{n + 1}{n}\cdot\frac{1}{\omega_o T_v}\right)$$

Der Klammerausdruck ist stets $\geqq 2$; daraus ergibt sich der untere Grenzwert 1 für den Dämpfungsgrad ϑ.

<u>Aufgabe 25</u> :

a) $\quad -F(s) = -u_a(s)/u_e(s) =$

$\quad = (mn + nq + m)\dfrac{\dfrac{1}{(mn + nq + m)CRs} + 1 + \dfrac{mnqCRs}{mn + nq + m}}{1 + (m + q)nCRs}$

$\hspace{6cm}$ ((PID)-T_1-Verhalten)

b) $\quad$ Aus der Übertragungsfunktion erhält man durch Vergleich mit der Normalform die Beziehungen

$$K_P = mn + nq + m$$

$$T_v = \frac{mnqCR}{mn + nq + m}$$

$$T_n = (mn + nq + m)CR$$

$\quad$ Durch Eliminieren der Konstanten q folgt

$$T_v = \frac{m(K_P - mn - m)CR}{K_P}$$

$\quad$ und $\hspace{4cm}$ $T_n = K_P CR$

$\quad$ Die Vorhaltzeit T_v kann offenbar (z. B. durch passen-

de Wahl der Konstanten CR) jeden beliebigen Wert annehmen;
infolgedessen gilt

$$0 < T_v < \infty$$

c)   Aus den Ergebnissen von   b)   ergibt sich das Verhältnis

$$\frac{T_n}{T_v} = \frac{K_P^2}{mK_P - m^2(n+1)}$$

Durch Umformung erhält man für die Konstante   m   die
quadratische Gleichung

$$m^2 - \frac{K_P}{n+1}\, m + \frac{K_P^2 T_v}{(n+1)T_n} = 0$$

mit den Wurzeln

$$m_{1,2} = \frac{K_P}{2(n+1)} \pm \sqrt{\frac{K_P^2}{4(n+1)^2} - \frac{K_P^2 T_v}{(n+1)T_n}}$$

Nur reelle Werte   m   lassen sich realisieren; deswegen
darf der Radikand nicht negativ werden. Damit ergibt
sich die Bedingung $T_n/T_v \gtreqqless 4(n+1)$ oder mit dem vorgegebenen Minimalwert für   n

$$4{,}004 \leqq \frac{T_n}{T_v} < \infty$$

Aufgabe 26 :

a) $- F(s) \;=\; - u_a(s)/u_e(s) \;=$

$$= \frac{1 + mn + q}{n} \cdot \frac{\dfrac{1}{(1 + mn + q)CRs} + 1 + \dfrac{mn(1+q)}{1 + mn + q}CRs}{1 + qCRs}$$

$$((PID)\text{-}T_1\text{-Verhalten})$$

b) $0 < T_v < \infty$

c) $4T_v \leqq T_n < \infty$ Die untere Grenze ergibt sich nach [2],
                          Abschn. 3.2.6 aus der Tatsache, daß die
                          Übertragungsfunktion zunächst in der
                          Produktdarstellung erscheint (nur reelle
                          Nullstellen).

Aufgabe 27 :

a) $-F(s) = -\dfrac{u_a(s)}{u_e(s)} = \dfrac{m}{1 + (1 + 2m)nCRs + mnC^2R^2s^2}$

$(P\text{-}T_2\text{-Verhalten})$

b) $0 < \vartheta < \infty$

Aufgabe 28 :

a) $-F(s) = -\dfrac{u_a(s)}{u_e(s)} = \dfrac{\dfrac{mq}{1 + q}CRs}{1 + \dfrac{1 + n}{1 + q}qCRs + \dfrac{mnq}{1 + q}C^2R^2s^2}$

$(\ D\text{-}T_2\text{-Verhalten}\ )$

b) $0 < \vartheta < \infty$

Aufgabe 29 :

a) $-F(s) = -\dfrac{u_a(s)}{u_e(s)} = \dfrac{2m(1 + \dfrac{mn}{2}CRs)}{1 + 2mCRs + m^2nC^2R^2s^2}$

$((PD)\text{-}T_2\text{-Verhalten})$

b) $0 < \vartheta < \infty$

Aufgabe 30 :

a) $-F(s) = -\dfrac{u_a(s)}{u_e(s)} = (m + q)\dfrac{1 + \dfrac{mq}{m + q}(1 + n)CRs}{1 + mCRs}$

$((PD)\text{-}T_1\text{-Verhalten})$

b) entfällt nach Aufgabenstellung

c) $0 < T_v/T < \infty$

<u>Aufgabe 31</u> : a) Aus dem Wirkungsplan von Bild 33 ergibt
sich die Störübertragungsfunktion

$$F_z(s) = \frac{\Delta\omega(s)}{\Delta M_L(s)} = - \frac{\dfrac{R}{c_M^2\,\phi^2}\left(1 + \dfrac{L}{R}s\right)}{1 + \dfrac{JR}{c_M^2\,\phi^2}s + \dfrac{JL}{c_M^2\,\phi^2}s^2}$$

Der Gleichstrommotor zeigt gegenüber dem Lastmoment (PD)-T_2-
Verhalten.

b) Man erhält $\omega_o = c_M\,\phi/\sqrt{JL} = 7{,}07/sec$

$$\vartheta = \frac{1}{2}\cdot\frac{JR}{c_M^2\,\phi^2}\,\omega_o = 0{,}707$$

$$\omega_d = \omega_o\sqrt{1 - \vartheta^2} = 5/sec$$

c) Es ergibt sich die Übertragungsfunktion

$$F(s) = \frac{\Delta\omega(s)}{\Delta u(s)} = \frac{\dfrac{c_M\phi}{c_M^2\,\phi^2 + KR}}{1 + \dfrac{JR + KL}{c_M^2\,\phi^2 + KR}s + \dfrac{JL}{c_M^2\,\phi^2 + KR}s^2}$$

Wir haben - wie im Beispiel 2 - P-T_2-Verhalten.

<u>Aufgabe 32</u> : a) Aus der Anordnung von Bild 36 ergibt sich
die Differentialgleichung

$$\frac{1 + g}{g}\,u_\omega + \frac{L}{gR}\,\dot u_\omega = c_M\phi\omega - u + \frac{1 + g}{g}\cdot\frac{m}{m + n}\,u + \frac{L}{gR}\,\frac{m}{m + n}\,\dot u$$

b) Statisch verschwinden die Ableitungen $\dot u$ und $\dot u_\omega$. Die
Brückenspannung u_ω ist proportional der Winkelgeschwindigkeit ω , wenn die Spannung u mit dem Koeffizienten null in
der obigen Gleichung auftritt. Das ist der Fall, wenn

$$g = m/n$$

ist.

c) Für diesen Fall folgt

$$u_\omega = \frac{m}{m + n}\,c_M\phi\omega$$

<u>Aufgabe 33</u> : Man erhält den Wirkungsplan von Bild 100
und daraus die Übertragungsfunktion

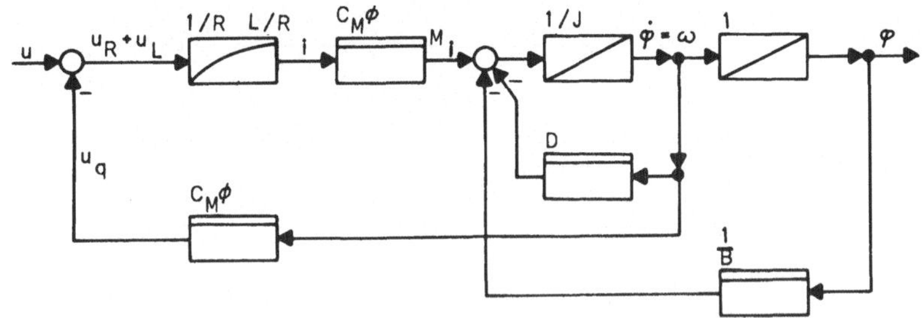

Bild 100 Wirkungsplan des Meßwerks von Aufgabe 33

$$F(s) = \frac{\varphi(s)}{u(s)} = \frac{BC_M\phi/R}{1 + \frac{L + BC_M^2\phi^2 + BDR}{R}s + \frac{B}{R}(DL + JR)s^2 + \frac{BJL}{R}s^3}$$

(P-T_3-Verhalten).

<u>Aufgabe 34</u> : a) Den Wirkungsplan des belasteten Gleich-
stromgenerators zeigt Bild 101.

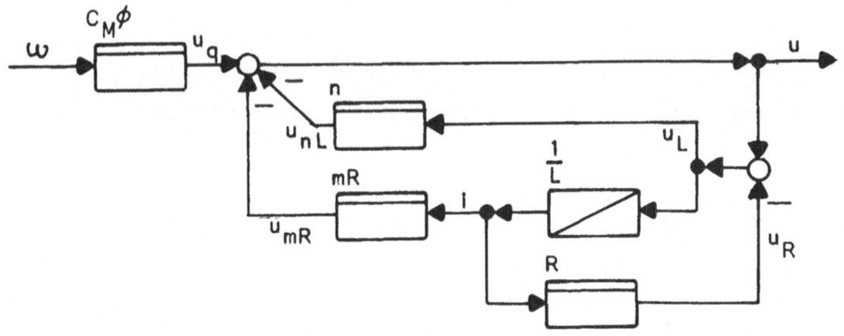

Bild 101 Wirkungsplan des belasteten Generators von
Aufgabe 34

Daraus ergibt sich die Übertragungsfunktion

$$F(s) = \frac{u(s)}{\omega(s)} = \frac{\dfrac{C_M\,\phi}{1 + m}(1 + \dfrac{L}{R}s)}{1 + \dfrac{(1 + n)L}{(1 + m)R}s} \qquad ((PD)\text{-}T_1\text{-Verhalten})$$

<u>Aufgabe 35</u> :

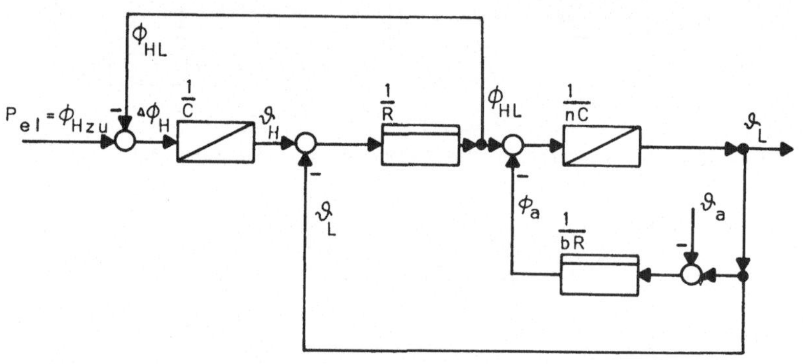

Bild 102 Wirkungsplan der Raumheizung von Aufgabe 35

a) Bild 102 zeigt den Wirkungsplan. Die elektrische
Leistung P_{el} ist gleich dem in den Heizkörper fließenden
Wärmestrom ϕ_{Hzu} . Vom Heizkörper fließt der Wärmestrom
ϕ_{HL} in den Raum weiter; die Differenz $\Delta\phi_H = \phi_{Hzu} - \phi_{HL}$
erwärmt den Heizkörper (I-Verhalten mit dem Integrierbei-
wert 1/C). Der Differenz $\vartheta_H - \vartheta_L$ zwischen Heizkörpertem-
peratur ϑ_H und Lufttemperatur ϑ_L ist der Wärmestrom
ϕ_{HL} proportional (Proportionalbeiwert 1/R) . Der Dif-
ferenz-Wärmestrom $\Delta\phi_L$ aus ϕ_{HL} und dem nach außen abfließenden Wärmestrom ϕ_a erwärmt die Luft (Raumtemperatur ϑ_L).
Der Wärmestrom ϕ_a ist der Temperaturdifferenz $\vartheta_L - \vartheta_a$
proportional.

b) Bei der Bestimmung der Übertragungsfunktion kann nach dem
Überlagerungsprinzip die Außentemperatur ϑ_a außer Ansatz
bleiben. Zweckmäßigerweise verlagert man nach [2], Bild 62 b

die zweite Additionsstelle nach links, so daß sie mit der ersten zusammenfällt. In der unteren Rückführung (jetzt vom Ausgang zum Eingang) liegt dann ein D-Glied mit dem Differenzierbeiwert C . Aus dem umgeformten Wirkungsplan ergibt sich die Übertragungsfunktion

$$F(s) = \frac{\Delta\vartheta_L(s)}{\Delta P_{el}(s)} = \frac{\dfrac{1/CRs}{1 + 1/(CRs)} \cdot \dfrac{1/(nCs)}{1 + 1/(nCs) \cdot 1/(bR)}}{1 + \dfrac{1/(CRs)}{1 + 1/(CRs)} \cdot \dfrac{1/(nCs)}{1 + 1/(nCs) \cdot 1/(bR)} \cdot Cs}$$

oder nach einigen Umformungen

$$F(s) = \frac{\Delta\vartheta_L(s)}{\Delta P_{el}(s)} = \frac{bR}{1 + (1 + b + bn)CRs + bnCRs^2}$$

$$(P-T_2-\text{Verhalten})$$

<u>Aufgabe 36</u> : Gegenüber Beispiel 10 ändert sich

$$F_2(s) = \frac{b_2(s)}{b_a(s)} = \frac{1}{1 + BRS}$$

$(P-T_1-\text{Verhalten})$. Damit wird die Übertragungsfunktion

$$F(s) = \frac{b_a(s)}{b_e(s)} = \frac{K_P(1 + T_v s)}{1 + a_1 s + a_2 s^2}$$

Es handelt sich um ein (PD)-T_2-Glied mit dem Proportionalbeiwert

$$K_P = 1/a = 0,667$$

der Vorhaltzeit

$$T_v = BR = 0,25 \text{ sec}$$

und den Koeffizienten

$$a_1 = \frac{a + 1}{aK} = \frac{1}{6} \text{ sec} \quad \text{und} \quad a_2 = \frac{(a + 1)BR}{aK} = \frac{1}{24} \text{ sec}^2$$

Daraus ergibt sich die Kennkreisfrequenz

$$\omega_o = 4,9/\text{sec}$$

und der Dämpfungsgrad

$$\vartheta = 0,408$$

<u>Aufgabe 37</u> : Die Bedingung des Kräftegleichgewichtes lautet jetzt

$$Ap_1 - gAp_2 = Cb$$

Wie im Beispiel 11 gelten die Beziehungen

$$p_2 = \frac{1}{B} m \qquad m = \int \dot{m} dt \qquad \dot{m} = \frac{1}{R}(p_1 - p_2)$$

Durch Transformation in den Frequenzbereich und Eliminierung von m(s) erhalten wir

$$p_2(s) = \frac{1}{B} m(s) \qquad sm(s) = \frac{1}{R} p_1(s) - \frac{1}{R} p_2(s)$$

$$m(s) = Bp_2(s) \Longrightarrow Bsp_2(s) = \frac{1}{R} p_1(s) - \frac{1}{R} p_2(s)$$

$$p_2(s) = \frac{1}{1 + BRs} \cdot p_1(s)$$

Diese Gleichung setzen wir in die Bedingung des Kräftegleichgewichtes ein und erhalten

$$Ap_1(s) - gA \cdot \frac{1}{1 + BRs} p_1(s) = Cb(s)$$

und daraus die Übertragungsfunktion

$$F(s) = \frac{b(s)}{p_1(s)} = \frac{(1 - g)A}{C} \cdot \frac{1 + \frac{BR}{1 - g} s}{1 + BRs}$$

Die Anordnung hat (PD)-T_1-Verhalten (für $g > 1$ irregulär).

Lösungen der Aufgaben von Abschnitt 2.

Aufgabe 38 :   a) Siehe Tabelle 1 , Zeilen 1 bis 3

b) U_o = 0,105 V   Dieser Spannungsgrundwert kompensiert
die bei dem Sollwert ϑ_{VW} = 20° C auftretende Heizleistung
ϕ = 8 W.
ϑ_{Mo2} = 40 K   Dieser Temperaturgrundwert gleicht die durch
die Einführung des Spannungsgrundwertes U_o verursachte
Änderung der Vorlauftemperatur ϑ_V wieder aus.
Alle Proportionalbeiwerte sowie die Grundwerte ϑ_{ao} und
ϑ_{Mo1} bleiben unverändert.

c) Siehe Tabelle 1 . Zeilen 4 bis 6

d) ϑ_{ao} = 20 K   Alle anderen Konstanten bleiben unverändert.

e) ϑ_{ao} = 31,11 K (s. Beispiel 13, Abschn. c)

   K_2 = 1,8   Dieser Wert ergibt die gewünschte Steigung
      der Kennlinie.

   K_6 = 84,44 A , K_{12} = 0,45

Diese Werte ergeben sich entsprechend wie im Beispiel 13,
Abschn. b). Das gilt auch für den neuen Wert
   ϑ_{Mo2} = 44,44 K

Nr.	$\dfrac{\vartheta_a}{°C}$	$\dfrac{\vartheta_a-\vartheta_{ao}}{°C}$	$\dfrac{\vartheta_{VW}}{°C}$	$\dfrac{u_{\vartheta VW}}{V}$	$\dfrac{\vartheta_V}{°C}$	$\dfrac{u_{\vartheta V}}{V}$	$\dfrac{u_d}{V}$	$\dfrac{\phi}{W}$	$\dfrac{\vartheta_M}{°C}$	$\dfrac{\phi_V}{W}$
1	-15	-45	90	9,47	90	9	0,474	36	210	36
2	0	-30	60	6,32	60	6	0,316	24	150	24
3	+20	-10	20	2,11	20	2	0,105	8	70	8
4	-15	-45	90	9,47	90	9	0,368	28	170	28
5	0	-30	60	6,32	60	6	0,211	16	110	16
6	+20	-10	20	2,11	20	2	0	0	30	0

Tabelle 1 Statische Werte aus Aufgabe 38
Zeile 1 bis 3 : Lösung der Aufgabe 38 a)
Zeile 4 bis 6 : Lösung der Aufgabe 38 c)

<u>Aufgabe 39</u> :

a) $K_4 = 1/R$ ist der Reziprokwert des Ankerkreiswiderstandes

   $T_4 = L/R$ ist die Zeitkonstante des Ankerkreises

   $K_5 = C_M\phi$ ist das Produkt aus **Maschinenkonstante** C_M und

                magnetischem Fluß ϕ

   $K_I = 1/J$ ist der Reziprokwert des Trägheitsmomentes

   $K_6 = C_M\phi$ ist gleich dem Proportionalbeiwert K_5

Es ist $K_5 = K_6 = 2$ Vsec.

b) Zur Berechnung der Kreisverstärkung K_o kann man im Wirkungsplan von Bild 57 von einer Störgröße $M_L = 0$ ausgehen. Da statisch die Eingangsgröße M_B verschwinden muß, folgt $M_i = 0$, $i = 0$, $u_i = 0$ und $u_{yi} = u_{qM}$. Damit wird

$$\omega = u_{qM}/K_6 = u_{yi}/K_6 = (K_2K_3/K_6)(u_{\omega w} - u_\omega)$$

Die Vorwärtsverstärkung ist K_2K_3/K_6 ; mit der Rückwärtsverstärkung K_8 ergibt sich

$$K_o = \frac{K_2K_3K_8}{K_6}$$

Da $K_o = 24$ vorgegeben ist, folgt $K_2 = K_oK_6/(K_3K_8) = 19{,}2$

c) Hier gilt die gleiche Überlegung wie unter b). Aus

$\omega = (K_2K_3/K_6)(u_{\omega w} - u_\omega)$ (statisch)   und $u_\omega = K_8\omega$

folgt

$$\omega = \frac{K_2K_3}{K_6 + K_2K_3K_8} u_{\omega w}$$

Damit ergibt sich im Wirkungsplan von Bild 57 vom Eingang zum Ausgang eine Verstärkung

$$F_w(0) = \frac{\Delta\omega(0)}{\Delta\omega_w(0)} = \frac{K_1K_2K_3}{K_6 + K_2K_3K_8}$$

Zur Kompensation der Regelabweichungen infolge Änderungen der Führungsgröße muß $F_w(0) = 1$ sein. Daraus folgt

$$K_1 = 0{,}1042 \text{ Vsec}$$

d) Zur Bestimmung des Störübertragungsbeiwertes kann ω_w und damit $u_{\omega w}$ mit null angenommen werden. Dann gilt für den Ankerkreisstrom i statisch

$$i = K_4(u_{yi} - u_{qM}) = K_3 K_4 (u_{y\omega} - u_i) - K_4 K_6 \omega$$
$$= - K_2 K_3 K_4 u_\omega - K_3 K_4 K_7 i - K_4 K_6 \omega$$
$$= - K_4 (K_2 K_3 K_8 + K_6) \omega - K_3 K_4 K_7 i$$

oder
$$i = - \frac{K_4 (K_2 K_3 K_8 + K_6)}{1 + K_3 K_4 K_7} \omega$$

Da statisch die Eingangsgröße des I-Gliedes verschwinden muß,
folgt
$$M_L = M_i = K_5 i$$

Damit wird der Störübertragungsbeiwert

$$F_z(0) = \frac{\Delta \omega(0)}{\Delta M_L(0)} = - \frac{1 + K_3 K_4 K_7}{K_4 K_5 (K_2 K_3 K_8 + K_6)} = - 0,260 \ \frac{1}{\text{Wsec}^2}$$

e) Es ergeben sich die stationären Werte

$$u_{\omega w} = 10,417 \ \text{V} \qquad \omega = 94,8 \ \text{sec}^{-1} \qquad u_\omega = 9,48 \ \text{V}$$

$$u_{y\omega} = 17,984 \ \text{V} \qquad M_i = 20 \ \text{Wsec} \qquad M_B = 0$$

$$u_{yi} = 199,6 \ \text{V} \qquad u_{qM} = 189,6 \ \text{V} \qquad u_i = 10 \ \text{V}$$

$$i = 10 \ \text{A}$$

Lösungen der Aufgaben von Abschnitt 3.

Aufgabe 40 : Aus dem Wirkungsplan von Bild 68 ergibt sich die Störübertragungsfunktion

$$F_z(s) = \frac{\Delta x(s)}{z(s)} = \frac{-1 + F_{St}(s) \cdot \dfrac{K_S}{1 + Ts}}{1 + F_o(s)} = \frac{F_{St}(s) \cdot \dfrac{K_S}{1 + Ts} - 1}{1 + \dfrac{K_I K_S}{s(1 + Ts)}}$$

Damit die Störung nicht wirksam wird, muß

$$F_{St}(s) = \frac{1}{K_S} \cdot (1 + Ts)$$

gewählt werden; das bedeutet PD-Verhalten. Eine Differentiation ist jedoch nicht exakt durchführbar.

Führt man die Störgrößenaufschaltung mit einem P-Glied durch $(F_{St}(s) = K_{St})$, so wird

$$F_z(s) = \frac{K_S K_{St}/(1 + Ts) - 1}{1 + K_I K_S/s(1 + Ts)} = \frac{1}{K_I} \frac{(K_{St} - 1/K_S)s - Ts^2/K_S}{1 + s/K_I K_S + Ts^2/K_I K_S}$$

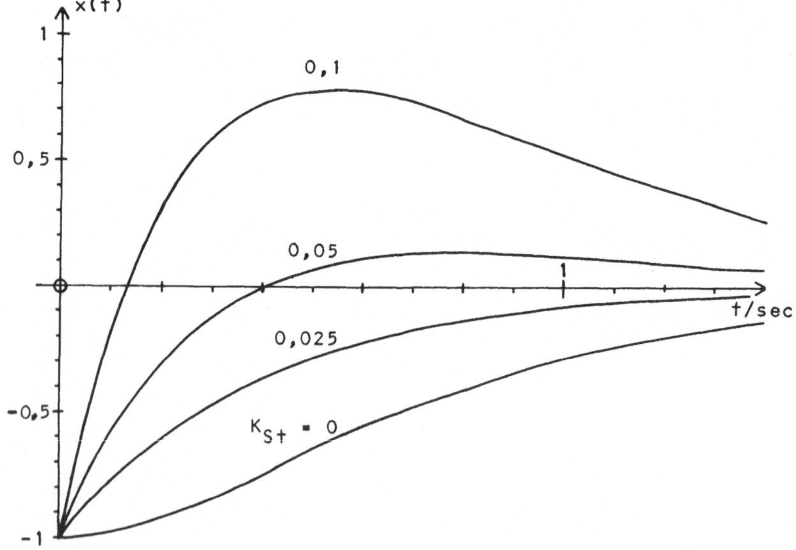

Bild 103 Sprungantworten zu Aufgabe 40

Mit $z(s) = \frac{1}{s}$ wird $\Delta x(s) = \frac{1}{K_I} \frac{K_{St} - 1/K_S - Ts/K_S}{1 + s/K_I K_S + Ts^2/K_I K_S}$

oder, wenn die gegebenen Werte eingesetzt werden

$$\Delta x(s) = 16 \text{ sec} \cdot \frac{K_{St} - 0,05 - 10 \text{ msec} \cdot s}{1 + 0,8 \text{ sec} \cdot s + 0,16 \text{ sec}^2 \cdot s^2} =$$

$$= 16 \text{ sec} \cdot \frac{K_{St} - 0,05 - 10 \text{ msec} \cdot s}{(1 + 0,4 \text{ sec} \cdot s)^2} = \frac{100}{\text{sec}} \cdot \frac{K_{St} - 0,05 - 10 \text{ msec} \cdot s}{(s + 2,5/\text{sec})^2}$$

Bei Übergang in den Zeitbereich (Korrespondenzen Nr. 16 und 17) erhält man

$$x(t) = \frac{100}{\text{sec}} \left[(K_{St} - 0,05)t - 10 \text{ msec}(1 - 2,5 \frac{t}{\text{sec}}) \right] e^{-2,5 \, t/\text{sec}}$$

$$= \left[-1 + (100 \, K_{St} - 2,5) \frac{t}{\text{sec}} \right] e^{-2,5 \, t/\text{sec}}$$

Im Bild 103 sind die Sprungantworten $\Delta x(t)$ für die vorgegebenen Werte von K_{St} dargestellt. Ein günstiger Verlauf ergibt sich für

$$0,025 < K_{St} < 0,05$$

Der interessierte Leser mag noch den Fall

$$F_{St}(s) = \frac{1}{K_S} \cdot \frac{1 + Ts}{1 + aTs}$$

mit $a = 0,1$ oder $0,2$ untersuchen; mit diesem (PD)-T_1-Verhalten läßt sich die ideale PD-Aufschaltung am besten annähern.

<u>Aufgabe 41</u> : Die Kreisübertragungsfunktion eines Regelkreises aus einer Totzeitstrecke und einem I-Regler ist

$$F_o(s) = \frac{K_I}{s} \, e^{-sT_t}$$

Für $s = j\omega$ erhält man den komplexen Frequenzgang des offenen Regelkreises

$$F_o(j\omega) = \frac{K_I}{j\omega} \, e^{-j\omega T_t}$$

Da die Phase des I-Anteils beständig -90° ist, wird ein Gesamtwinkel von -180° erreicht, sobald auch der Phasenwinkel des Totzeitgliedes -90° wird. Das ist der Fall bei der Kreisfrequenz $\omega_E = \pi/2T_t$

Für $T_t = 1$ sec wird $\omega_E = 1,57/\text{sec}$

Die Stabilitätsgrenze wird mit demjenigen $K_I = K_{IGr}$ erreicht, für das $\left|F_o(j\,\omega_\varepsilon)\right| = K_{IGr}/\omega_\varepsilon = 1$ wird. Es folgt

$$K_{IGr} = \omega_\varepsilon = 1,57/sec$$

Die Sprungantwort muß - entsprechend wie im Beispiel 15 - stückweise berechnet werden:

Für $0 < t \leqq T_+$ ist $x = 0$ (das Signal hat die Totzeitstrecke noch nicht durchlaufen)

für $T_+ < t \leqq 2T_+$ ist $x = K_I(t - T_+)$ (die Ausgangsgröße des Regelverstärkers erscheint um T_+ verzögert am Ausgang der Strecke)

für $2T_+ < t \leqq 3T_+$ ist $x = K_I(t - T_+) - \frac{1}{2}K_I^2(t - 2T_+)^2$ (die zurückgeführte Regelgröße - integriert und um T_+ verzögert - erscheint jetzt mit negativem Vorzeichen am Ausgang)

Nachdem wiederum die Totzeit T_+ vergangen ist, erscheint dann auch das quadratische Glied integriert (also als Glied dritter Ordnung) wieder mit positivem Vorzeichen. Mit der bekannten Funktion $\mathcal{E}(t)$ des Einheitssprunges läßt sich der Verlauf mit

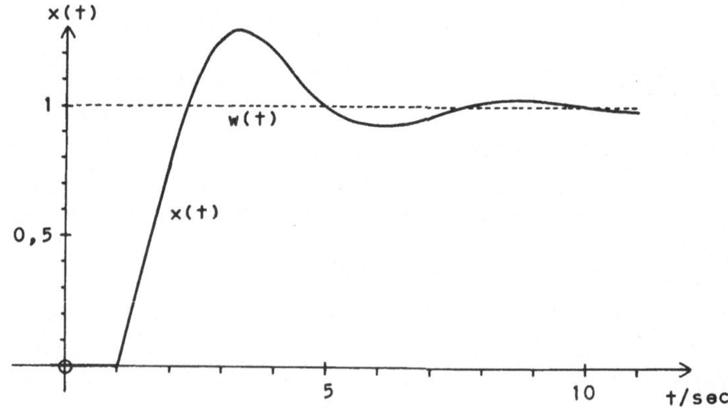

Bild 104 Sprungantwort des Führungsverhaltens zu Aufgabe 41

$$x(t) = \sum_{n=1}^{\infty} (-1)^{n-1} \frac{K_I^n}{n!} (t - nT_+)^n \mathcal{E}(t - nT_+)$$

allgemein angeben. Für den vorgegebenen Integrierbeiwert

$$K_I = K_{IGr}/2 = 0,785/sec$$

ist diese Sprungantwort im Bild 104 dargestellt.

<u>Aufgabe 42</u>: Die Aufgabe ist mit dem Nyquist-Kriterium zu lösen. Die $P-T_1-T_+$-Strecke hat mit dem I-Regelverstärker die Kreisübertragungsfunktion

$$F_o(s) = \frac{K_S K_I e^{-sT_+}}{s(1 + Ts)}$$

Für $s = j\omega$ erhält man den komplexen Frequenzgang

$$F_o(j\omega) = \frac{K_S K_I e^{-j\omega T_+}}{j\omega(1 + j\omega T)}$$

Sein Betrag

$$F_o = |F_o(j\omega)| = \frac{K_S K_I}{\omega \sqrt{1 + \omega^2 T^2}}$$

Bei der Kreisfrequenz ω_ε wird $F_o = 1$; es gilt dann

$$\omega_\varepsilon^2(1 + \omega_\varepsilon^2 T^2) = K_S^2 K_I^2$$

oder

$$\omega_\varepsilon^4 + \omega_\varepsilon^2/T^2 - K_S^2 K_I^2/T^2 = 0$$

Es folgt

$$\omega_\varepsilon^2 = -\frac{1}{2T^2} \pm \sqrt{\frac{1}{4T^4} + \frac{K_S^2 K_I^2}{T^2}}$$

Da ω_ε und ω_ε^2 nur positiv sein können, ergibt sich

$$\omega_\varepsilon = \frac{1}{T} \sqrt{\frac{1}{2}(\sqrt{1 + 4T^2 K_S^2 K_I^2} - 1)}$$

Bei dieser Kreisfrequenz wird die Phase φ_o des offenen Regelkreises

$$\varphi_o = \varphi_{o\varepsilon} = -90° - \omega_\varepsilon T_+ - \text{Arctan } \omega_\varepsilon T$$

Der Regelkreis ist für Winkel $\varphi_o < -180°$ stabil. Das ist der Fall, wenn $\text{Arctan } \omega_\varepsilon T + \omega_\varepsilon T_+ < 90°$ ist. Diese Bedingung läßt sich auch schreiben

$$\omega_\varepsilon T < \tan(90° - \omega_\varepsilon T_+) = \cot \omega_\varepsilon T_+$$

oder
$$\omega_\varepsilon T \cdot \tan \omega_\varepsilon T_+ < 1$$

Mit den gegebenen Werten $T = 3$ sec und $T_+ = 5$ sec findet man leicht durch Probieren, daß

$$\omega_\varepsilon < 0,204/\text{sec}$$

sein muß. Damit ergibt sich die Ungleichung

$$\sqrt{\tfrac{1}{2}(\sqrt{1 + 4T^2 K_S^2 K_I^2} - 1)} = \omega_\varepsilon T < 0,612$$

oder
$$\tfrac{1}{2}(\sqrt{1 + 4T^2 K_S^2 K_I^2} - 1) < 6,12^2 = 0,375$$

Sie ist erfüllt, wenn

$$\sqrt{1 + 4T^2 K_S^2 K_I^2} < 1,75$$

oder
$$2T K_S K_I < 1,44$$

ist. Mit $K_S = 1,5$ ergibt sich schließlich die Bedingung

$$K_I < \frac{1,44}{2T K_S} = \frac{1,44}{9 \text{ sec}} = 0,160/\text{sec}$$

Ist sie erfüllt, ist der Regelkreis stabil, andernfalls instabil.

Aufgabe 43: Es handelt sich um einen (PID)-T_1-Regelverstärker. (Die Typangabe I-T_1-T_2^{-1} ist ebenfalls richtig.)

Da die Übertragungsfunktion nicht dimensionslos ist, muß sie zunächst normiert werden (s. [2], Abschn. 4.2). Wir wählen als Maßstabsfaktor
$$K_M = 1 \text{ A/V}$$

so daß
$$F_R(s) = K_M \widetilde{F}_R(s)$$

mit
$$\widetilde{F}_R(s) = \frac{0,25}{\text{sec}} \cdot \frac{1 + 36 \text{ msec} \cdot s + 36 \cdot 10^{-4} \text{ sec}^2 \cdot s^2}{s(1 + 240 \text{ msec} \cdot s)} \qquad \text{wird.}$$

Es folgt
$$\widetilde{F}_R(s) = \frac{0,25}{\text{sec}} \cdot \frac{1 + 2\dfrac{\vartheta}{\omega_o}s + \left(\dfrac{s}{\omega_o}\right)^2}{s(1 + 240 \text{ msec} \cdot s)}$$

mit $\omega_o = 16,67/\text{sec}$ und $\vartheta = 0,3$

Für $s = j\omega$ ergibt sich dann der komplexe Frequenzgang $\widetilde{F}_R(j\omega)$. Da der Dämpfungsgrad $\vartheta < 1$ ist, müssen Amplitudengang $\widetilde{F}_1$ und Phasengang φ_1 des Zählers von $\widetilde{F}_R(j\omega)$

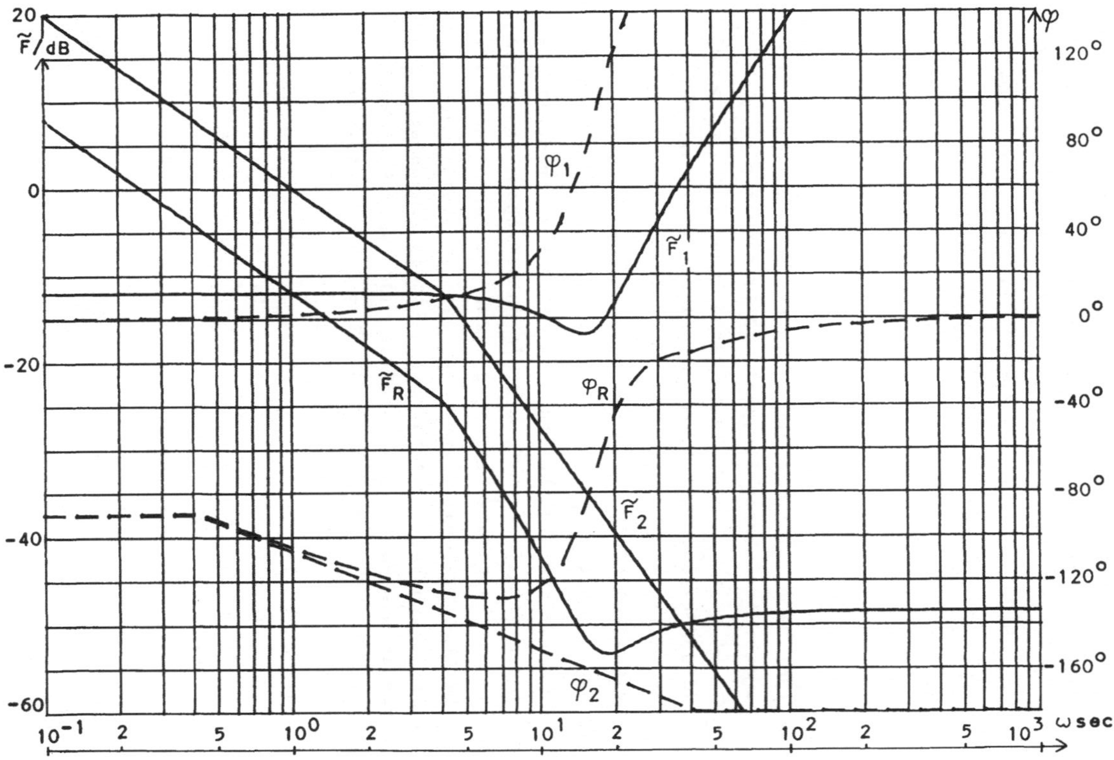

Bild 105 Bode-Diagramme zur Aufgabe 43

aus [1], Bild 50 und 51 entnommen werden (weil ein T_2^{-1}-Verhalten vorliegt, muß dabei an der Nullinie gespiegelt werden). Addiert man jeweils den Amplitudengang $\widetilde{F}_2$ bzw. den Phasengang φ_2 des Nenners hinzu, ergibt sich das Bode-Diagramm $\widetilde{F}_R$, φ_R des Stromreglers (Bild 105).

<u>Aufgabe 44</u> : Mit dem Proportionalbeiwert $K_P = 50 \triangleq 34$ dB und den Eckkreisfrequenzen

$$\omega_{E1} = 1/\text{sec} \quad \text{und} \quad \omega_{E2} = 0,333/\text{sec}$$

ergibt sich das (vereinfachte) Bode-Diagramm F_S , φ_S von Bild 106. Nach [2], Abschn. 4. bleibt die Amplitude für kleine Kreisfrequenzen konstant, fällt dann für $\omega_{E2} < \omega < \omega_{E1}$ mit 20 dB/Dekade und für $\omega > \omega_{E1}$ mit 40 dB/Dekade. Der Phasengang jedes einzelnen P-T$_1$-Gliedes fällt jeweils von $0,1 \, \omega_E$ bis $10 \, \omega_E$ um $90°$; zusammengefaßt ergibt sich die Kurve φ_S .

Regelung mit <u>P-Regler</u> : Die Phasenkurve φ_S der Strecke (Bild 106) ist nur eine Näherungskurve. Die wahre Kurve erreicht den Winkel $- 180°$ erst im Unendlichen; das bedeutet, daß die Betragsreservebedingung immer beliebig gut erfüllt ist. Der Proportionalbeiwert K_P des Regelverstärkers wird daher nur nach der Phasenreservebedingung festgelegt. Die Phasenreserve δ soll minimal $30°$ betragen. Nach [2], Beispiel 5 ist $\varphi_\delta = \delta - 180° \geqq - 150°$ zu setzen. Da der Phasenwinkel φ_R des Regelverstärkers ständig null ist, wird die Phase des offenen Regelkreises $\varphi_0 = \varphi_S$; φ_S erreicht den Wert $- 150°$ bei der Kreisfrequenz $\omega_\delta = 2,7/\text{sec}$. Soll die Phasenreservebedingung erfüllt sein, muß die Amplitude F_0 des offenen Regelkreises bei dieser Kreisfrequenz den Wert 0 dB erreicht oder unterschritten haben; da wir nur diese eine Bedingung erfüllen müssen, können wir annehmen, daß $F_0 \triangleq 0$ dB hat bei $\omega_\delta = 2,7/\text{sec}$. Nun hat F_S bei ω_δ 7,3 dB . Wegen $F_0 = F_S \cdot F_R$ (im logarithmischen Maß ist die Multiplikation durch eine Addition zu ersetzen) folgt

$$F_R = K_P = 0,43 \triangleq - 7,5 \text{ dB}$$

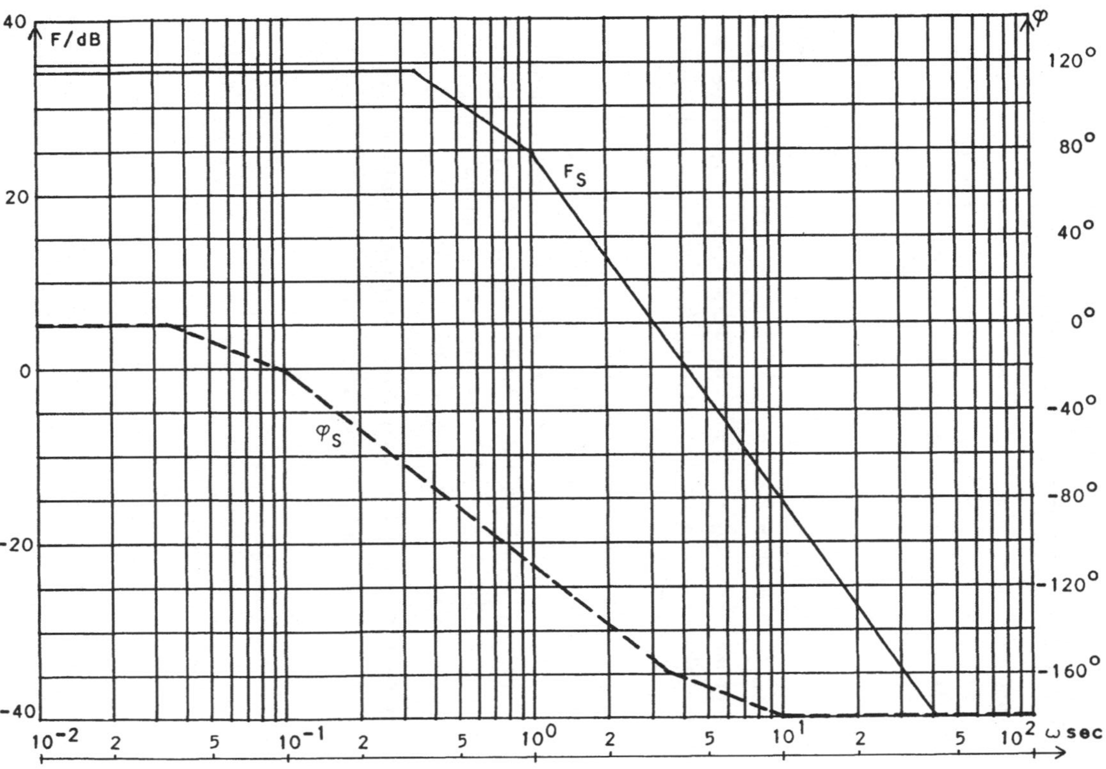

Bild 106 Bode-Diagramm der Strecke von Aufgabe 44

Damit wird nach [2] , Gl. (7) der Regelfaktor

$$r = \frac{1}{1 + K_o} = \frac{1}{1 + K_S K_P} = \frac{1}{1 + 50 \cdot 0,43} = \frac{1}{22,5} = 4,44 \ \%$$

Regelung mit I-Regler : Die Phase φ_R des Regelverstärkers ist konstant - 90°, somit liegt der Phasengang φ_o
des offenen Regelkreises um 90° unter der der Strecke
(Bild 106 und 107). Sie erreicht - 180° bei
ω_ε = 0,58/sec . Da die Kreisverstärkung F_o auf - 8 dB
abgesunken sein soll (Betragsreservebedingung) und die Strek-
kenamplitude $F_S \triangleq$ 29,2 dB hat, folgt für den Regelverstär-
ker $F_R \overset{\wedge}{\leqq} - 8 \ dB - 29,2 \ dB = - 37,2 \ dB$ für $\omega = \omega_\varepsilon$

Der Phasenwinkel $\varphi_\delta = - 150°$ wird bei ω_δ = 0,27/sec erreicht. Hier ist die Bedingung $F_o \overset{\wedge}{\leqq} 0 \ dB$ zu erfüllen;
da $F_S \triangleq 34,0 \ dB$ folgt

$$F_R \overset{\wedge}{\leqq} - 34,0 \ dB \quad \text{für} \quad \omega = \omega_\delta$$

Weil die Amplitudenkurve des Regelverstärkers von ω_δ bis
ω_ε um 6,7 dB fällt, ist die zweite Bedingung (Phasenreserve) für F_R die schärfere. Somit ergibt sich die Kurve
F_R von Bild 107. Sie trifft die Null-dB-Linie bei

$$K_I = 5,4 \ 10^{-3}/sec$$

Dann wird der Integrierbeiwert des offenen Regelkreises

$$K_{Io} = K_S K_I = 0,27/sec$$

und $\qquad\qquad\qquad 1/K_{Io} = 3,7 \ sec$

Diese Zeit ist größer als die größere der beiden Zeitkonstanten der Strecke (T_2 = 3 sec), somit ist keine befriedigende Regelung zu erwarten.

Regelung mit PI-Regler : Ein größerer Proportionalbeiwert
K_P als beim P-Regler kann nicht erreicht werden, weil die
Phase des PI-Reglers ungünstiger liegt als die des P-Reglers.
Es soll daher versucht werden, den gleichen Wert zugrunde zu
legen $\qquad\qquad\qquad K_P = 0,43$

Der I-Anteil muß dann so bemessen werden, daß Betrags- und

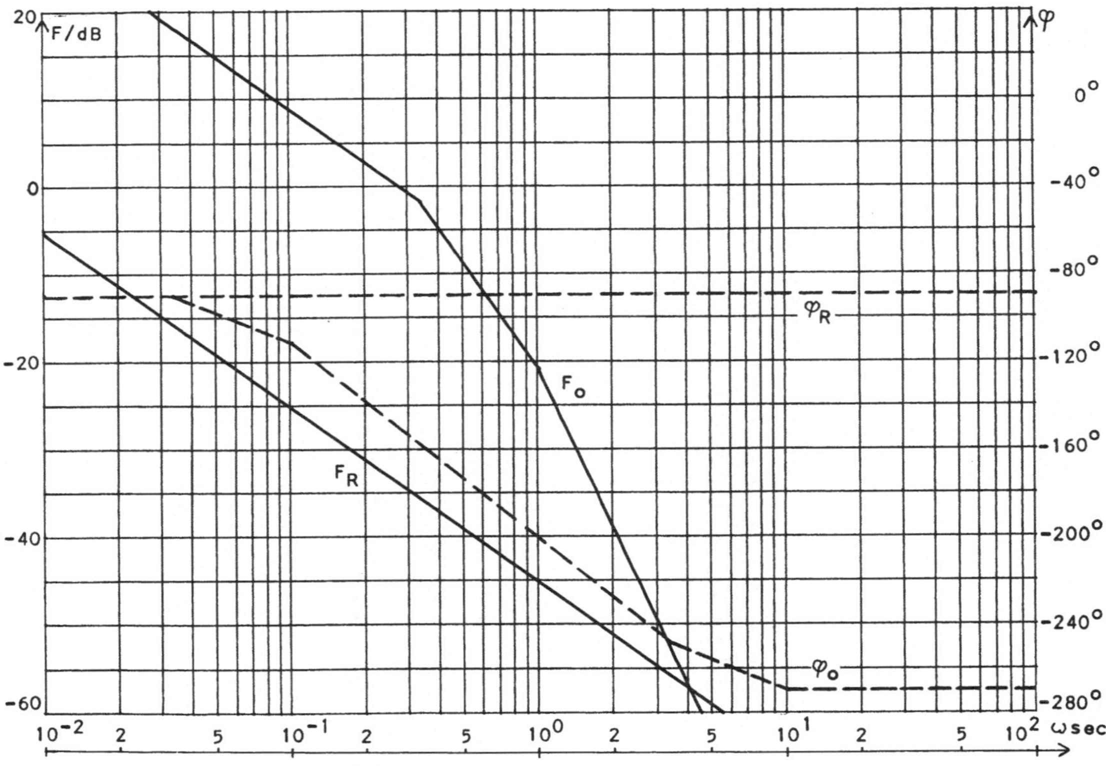

F/dB
20
0
-20
-40
-60
φ
0°
-40°
-80°
-120°
-160°
-200°
-240°
-280°
ωsec
10⁻²
2
5
10⁻¹
2
5
10⁰
2
5
10¹
2
5
10²
Fo
FR
φR
φo
Bild 107 Bode-Diagramme zur Aufgabe 44 (I-Regler)

Phasenreserve nicht verringert werden. Das wird vermieden, wenn die Phasenkurve φ_R des Regelverstärkers bei der Kreisfrequenz $\omega_\delta = 2,7/\text{sec}$ bereits auf 0° angestiegen ist; dazu muß die Eckkreisfrequenz

$$\omega_{EPI} = 0,27/\text{sec}$$

gewählt werden. Damit wird die Nachstellzeit

$$T_n = 1/\omega_{EPI} = 3,7 \text{ sec}$$

und der Integrierbeiwert

$$K_I = K_P/T_n = 0,115/\text{sec}$$

Als Integrierbeiwert des offenen Regelkreises erhalten wir

$$K_{Io} = K_S K_I = 5,8/\text{sec}$$

Somit wird

$$1/K_{Io} = 0,173 \text{ sec}$$

Da die Zeit $1/K_{Io}$ wesentlich kleiner als die größere Zeitkonstante T_2 ist, kann eine zufriedenstellende Regelung erwartet werden.

Bild 108 zeigt die Bode-Diagramme des Regelverstärkers und des offenen Regelkreises.

Regelung mit <u>PD-Regler</u> : Die Phasenkurve φ_S der Strecke unterschreitet -180° nicht; durch den positiven Phasenwinkel des Regelverstärkers läßt sich nun erreichen, daß die Phase φ_o des offenen Regelkreises nicht mehr kleiner als der Winkel $\varphi_\delta = -150^\circ$ wird. Betrags- und Phasenreservebedingung sind dann für beliebige Proportionalbeiwerte K_P des Regelverstärkers erfüllt; K_P kann also beliebig groß gewählt und dadurch der Regelfaktor r unter jeden gewünschten Wert gedrückt werden.

Um den Differenzierbeiwert K_D (und damit den Verstärkungsaufwand) nicht unnötig groß werden zu lassen, sollte die Eckkreisfrequenz ω_{EPD} so groß wie möglich sein. Das ist erreicht, wenn die Phase φ_o des offenen Regelkreises den Winkel $\varphi_\delta = -150^\circ$ gerade nicht mehr unterschreitet. Dazu muß dieser Winkel bei der Kreisfrequenz $\omega_\delta = 3,3/\text{sec}$

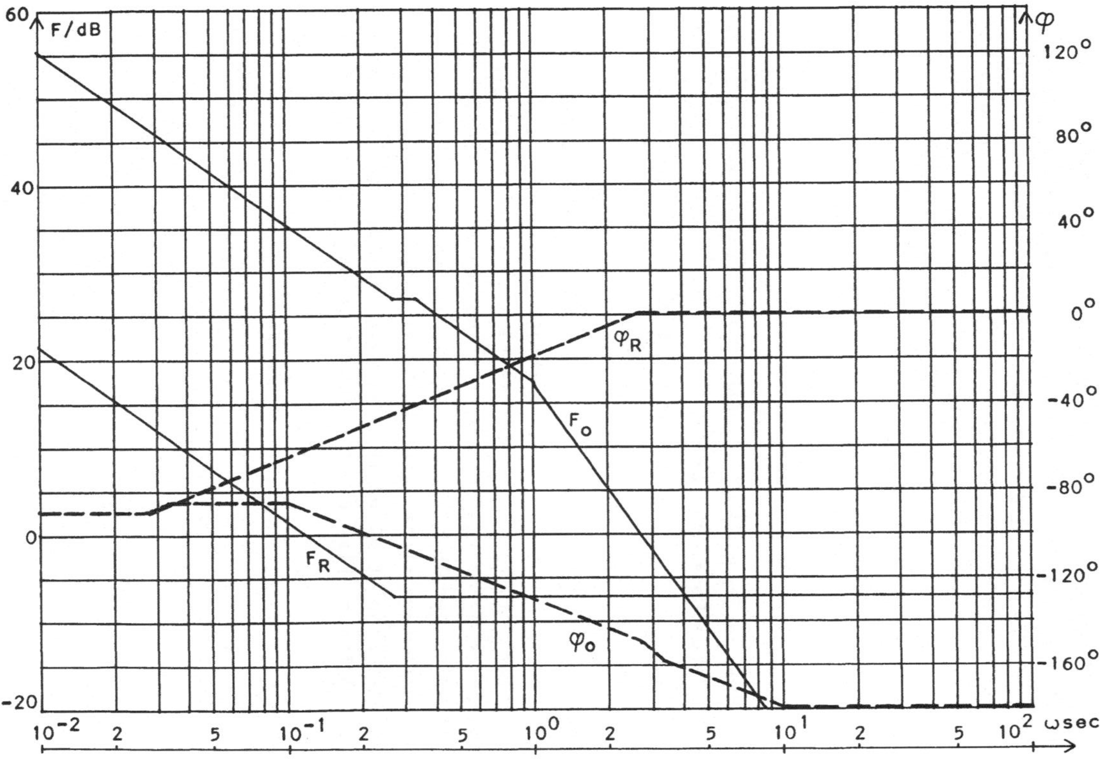

F/dB
60
40
20
0
-20
φ
120°
80°
40°
0°
-40°
-80°
-120°
-160°
10⁻² 2 5 10⁻¹ 2 5 10⁰ 2 5 10¹ 2 5 10² ωsec
φ_R
F_o
F_R
φ_o
Bild 108 Bode-Diagramme zur Aufgabe 44   (PI-Regler)

erreicht werden, denn oberhalb ω_δ bleibt die Phase φ_o zunächst konstant (hier kompensieren sich ein Abfall der Streckenphase und ein Anstieg der Reglerphase) und steigt bei höheren Kreisfrequenzen wieder an. Man erhält den gewünschten Verlauf, wenn der ansteigende Teil der Phasenkurve φ_R bei der Kreisfrequenz $0,1\,\omega_{EPD} = 2,2/sec$ beginnt. Es folgt

$$\omega_{EPD} = 22/sec \quad \text{und} \quad T_v = 1/\omega_{EPD} = 45\ msec$$

Der Differenzierbeiwert K_D ergibt sich aus der Vorhaltzeit T_v und dem als Proportionalbeiwert K_P gewählten Wert

$$K_D = K_P T_v$$

Bild 109 zeigt die Bode-Diagramme des Regelverstärkers und des offenen Regelkreises für

$$K_P = 2 \mathrel{\hat{=}} 6\ dB$$

Mit diesem Wert ergibt sich ein Regelfaktor unter $1\,\%$.

Regelung mit <u>PID-Regler</u> : Die für den PD-Regelverstärker ermittelten Werte können unverändert übernommen werden, doch erscheinen sie als Daten der Kettenschaltung (K_{Pk}, T_{nk}, T_{vk}). Insbesondere darf der Proportionalbeiwert K_{Pk} beliebig groß sein. Der I-Anteil ist so hinzuzufügen, daß Betrags- und Phasenreserve nicht verschlechtert werden; deswegen muß der von dem PI-Knick erzeugte Phasengang bei der Kreisfrequenz $\omega_\delta = 3,3/sec$ bis auf $0°$ angestiegen sein. Das ist der Fall, wenn

$$\omega_{EPI} = 0,33/sec$$

gewählt wird. Die ermittelten Werte

$$T_{nk} = 1/\omega_{EPI} = 3,0\ sec \quad \text{und} \quad T_{vk} = 45\ msec$$

lassen sich nach [2], Gl. (44) auf die Daten der Parallel-schaltung umrechnen

$$T_n = T_{nk} + T_{vk} = 3,0\ sec \qquad T_v = \frac{T_{nk}T_{vk}}{T_{nk} + T_{vk}} = 44\ msec$$

Aus dem beliebig groß wählbaren Proportionalbeiwert K_P ergeben sich dann die Werte

$$K_I = K_P/T_n \qquad \text{und} \qquad K_D = K_P T_v$$

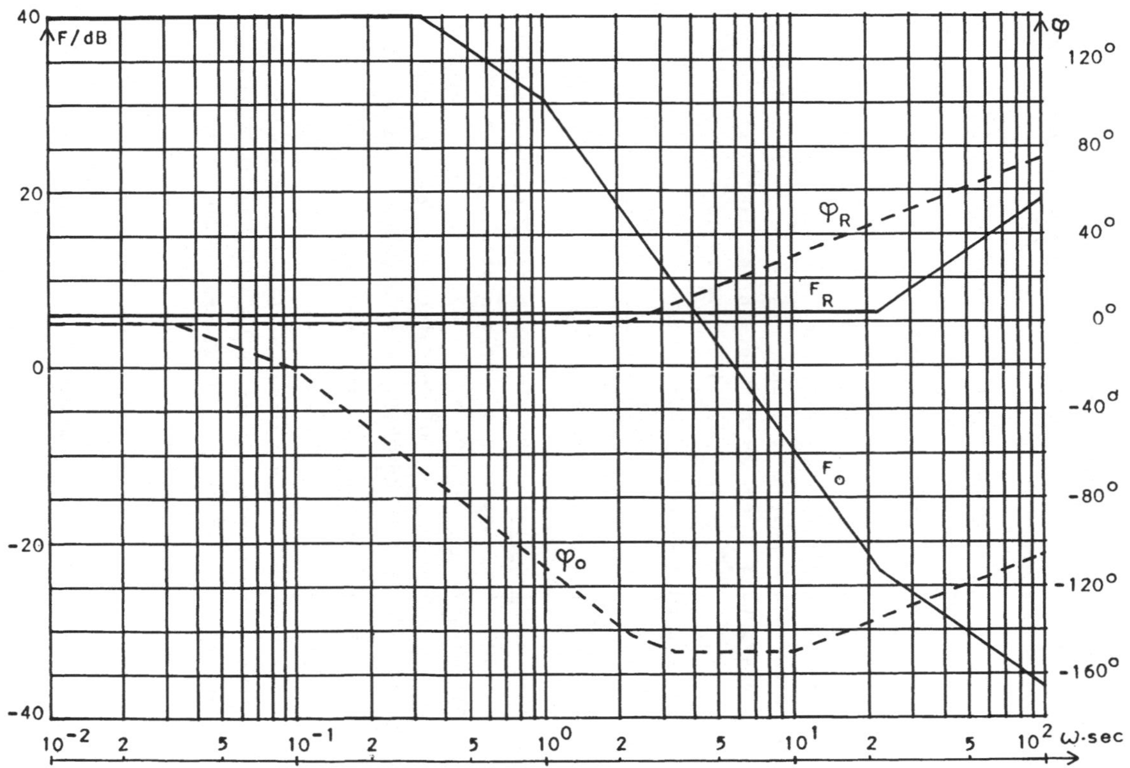
F/dB
40
20
0
-20
-40
10⁻²
10⁻¹
10⁰
10¹
10²
ω·sec
φ
120°
80°
40°
0°
-40°
-80°
-120°
-160°
φ_R
F_R
F_o
φ_o
Bild 109 Bode-Diagramme zur Aufgabe 44 (PD-Regler)

<u>Aufgabe 45</u> :   Da es sich um eine periodische $P-T_2$-Strecke handelt, ist das Bode-Diagramm aus [1] , Bild 50 und 51 zu ermitteln. Das Ergebnis zeigt Bild 110.

Regelung mit <u>P-Regler</u> : Wie bei Aufgabe 44 erreicht die Phase φ_o des offenen Regelkreises den Winkel -180° erst im Unendlichen; die Betragsreservebedingung ist daher beliebig gut erfüllt.

Der Phasenwinkel $\varphi_\delta = \delta - 180^\circ = 45^\circ - 180^\circ = -135^\circ$ wird bei der Kreisfrequenz $\omega_\delta = 57/sec$ erreicht; an dieser Stelle hat die Streckenamplitude $F_S \triangleq 29,3$ dB . Da die Kreisverstärkung 0 dB nicht übersteigen darf, ist

$$F_R = K_P = 0,034 \triangleq -29,3 \text{ dB}$$

zu wählen. Damit wird der Regelfaktor

$$r = \frac{1}{1 + K_o} = \frac{1}{1 + K_S K_P} = \frac{1}{1 + 0,68} = 60 \%$$

Das ergibt keine brauchbare Regelung.

Regelung mit <u>I-Regler</u> : Da die Phase des Regelverstärkers $\varphi_R = -90^\circ$ ist, ergibt sich für den offenen Regelkreis die Phasenkurve φ_o von Bild 111. Da sie bei der Kreisfrequenz $\omega_\varepsilon = 30/sec$ -180° erreicht und bei dieser Kreisfrequenz $F_S \triangleq 34,0$ dB hat, folgt wegen $\varepsilon \geqq 8$ dB

$$F_R \overset{\wedge}{\leqq} -34,0 \text{ dB} - 8 \text{ dB} = -42,0 \text{ dB} \quad \text{bei} \quad \omega_\varepsilon = 30/sec$$

Der Winkel $\varphi_\delta = \delta - 180^\circ = 45^\circ - 180^\circ = -135^\circ$ wird bei der Kreisfrequenz $\omega_\delta = 25/sec$ erreicht; der zugehörige Amplitudenwert der Strecke ist $F_S \triangleq 32,7$ dB. Um auf eine Kreisverstärkung von maximal 0 dB zu kommen, muß

$$F_R \overset{\wedge}{\leqq} -32,7 \text{ dB} \quad \text{bei} \quad \omega_\delta = 25/sec$$

sein. Die obere Bedingung (Betragsreserve) ist schärfer; sie wird mit der Kurve F_R von Bild 111 erfüllt. Die Kurve schneidet die Null-dB-Linie bei der Kreisfrequenz

$$K_I = 0,24/sec$$

Damit wird $K_{Io} = K_S K_I = 20 \cdot 0,24/sec = 4,8/sec$

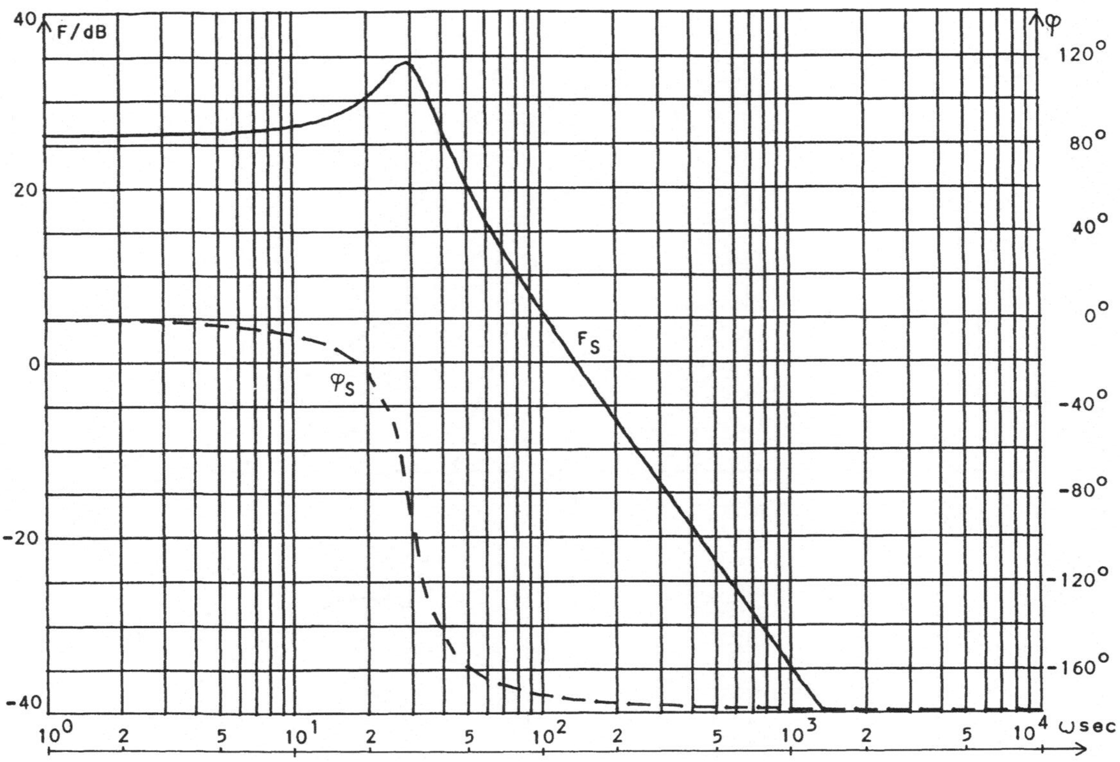

F/dB
40
20
0
-20
-40
φ
120°
80°
40°
0°
-40°
-80°
-120°
-160°
F_S
φ_S
10^0
2
5
10^1
2
5
10^2
2
5
10^3
2
5
10^4 µsec
Bild 110 Bode-Diagramm der Strecke von Aufgabe 45

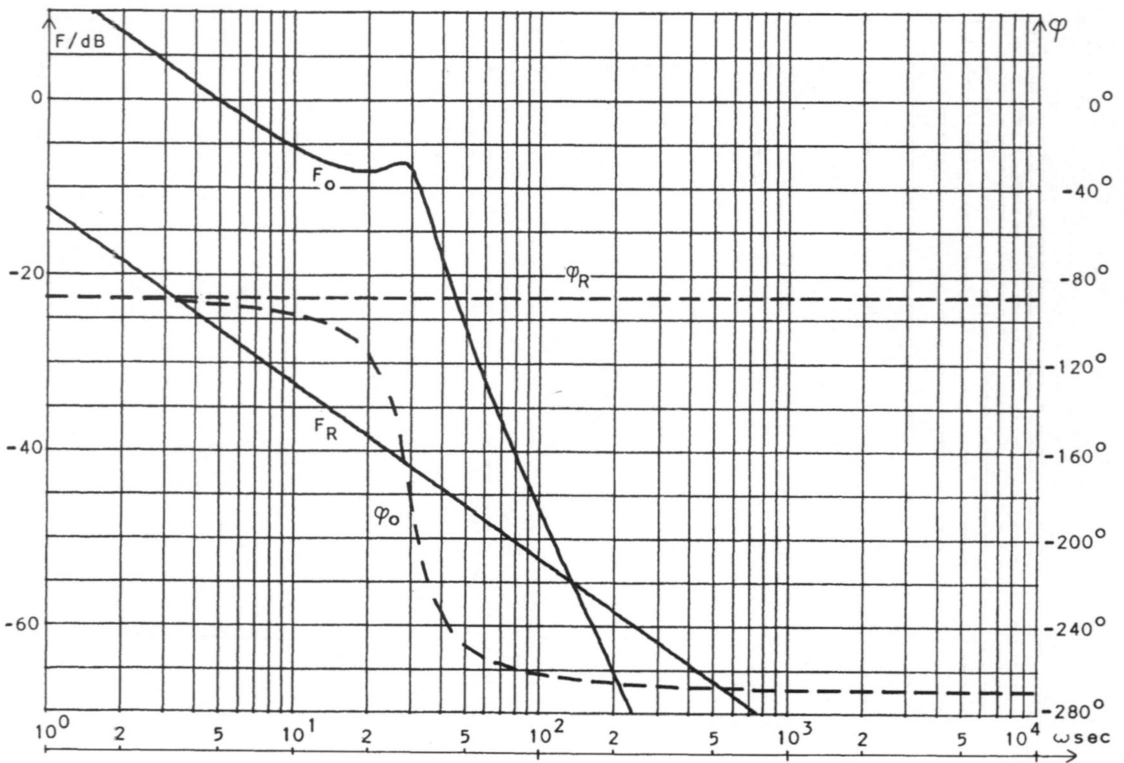

Bild 111 Bode-Diagramme zur Aufgabe 45   (I-Regler)

und $\qquad 1/K_{Io} = 0,21$ sec

Diesen Wert vergleichen wir mit einer charakteristischen Zeit der Regelstrecke, als solche bietet sich der Reziprokwert der Kennkreisfrequenz $T_o = 1/\omega_o = 0,033$ sec an. Da $1/K_{Io}$ wesentlich größer ist, ist keine befriedigende Regelung zu erwarten.

Regelung mit <u>PI-Regler</u> : Man wird zunächst - wie bei Aufgabe 44 versuchen, mit dem gleichen Proportionalbeiwert $K_P = 0,034$ zu arbeiten wie beim P-Regler. Dann muß die Phase φ_R des PI-Regelverstärkers bei der Kreisfrequenz $\omega_\delta = 37/\text{sec}$ auf 0° angestiegen sein; demnach wäre zu setzen $\omega_{EPI} = 0,1\,\omega_\delta = 3,7/\text{sec}$. Damit würde

$T_n = 1/\omega_{EPI} = 0,27$ sec und $K_I = K_P/T_n = 0,13/\text{sec}$.

Dieser Wert ist kleiner als der des I-Reglers; es würde also keine Verbesserung erzielt. Um zu einem besseren Ergebnis zu kommen, wird man jetzt vom I-Regler ausgehen. Dessen Integrierbeiwert K_I wurde aus der Betragsreservebedingung bestimmt. Wenn hier durch einen zusätzlichen P-Anteil keine Verschlechterung eintreten soll, darf durch ihn die Amplitudenkurve bei der Kreisfrequenz ω_ε nicht angehoben werden. Dies tritt nicht ein, wenn die Eckkreisfrequenz $\omega_{EPI} \geqq \omega_\varepsilon$ ist. Wir wählen den kleinstmöglichen Wert

$$\omega_{EPI} = \omega_\varepsilon$$

Bei der Eckkreisfrequenz wird die Phase des Regelverstärkers $\varphi_R = -45^o$; bei ω_ε erreicht die Gesamtphase φ_o den Wert -180°. Sind beide Kreisfrequenzen gleich, muß die Streckenphase $\varphi_S = -135^o$ werden. Demnach ist nach Bild 110

$$\omega_{EPI} = \omega_\varepsilon = 37/\text{sec}$$

Damit ergibt sich die Nachstellzeit

$$T_n = \frac{1}{\omega_{EPI}} = 0,027 \text{ sec}$$

Bei der Eckkreisfrequenz ω_{EPI} hat die Streckenamplitude $F_S \cong 29,3$ dB . Da die Kreisverstärkung -8 dB nicht über-

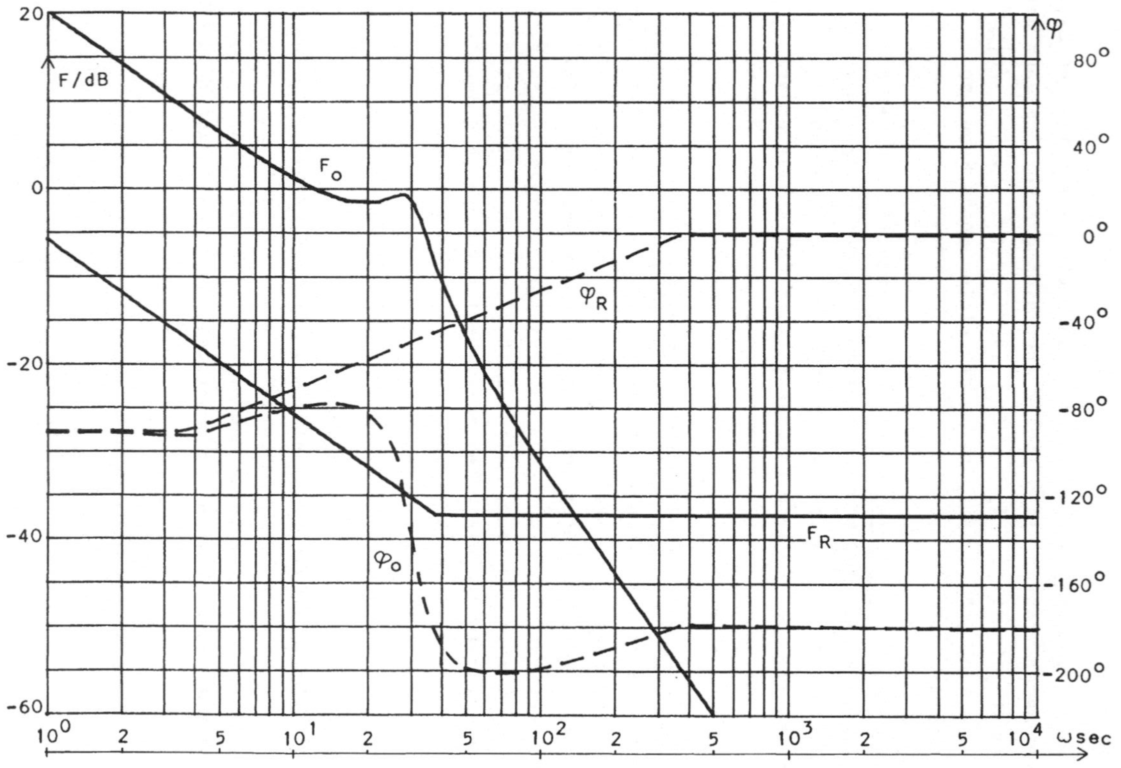

Bild 112 Bode-Diagramme zur Aufgabe 45 (PI-Regler)

steigen soll, folgt

$$F_R \, \hat{\leqq} \, - 29,3 \text{ dB} - 8 \text{ dB} = - 37,3 \text{ dB} \qquad \text{für} \qquad \omega = \omega_\varepsilon$$

Dieser Wert ist der Proportionalbeiwert K_P

$$K_P = 0,014 \, \hat{=} \, - 37,3 \text{ dB}$$

Damit wird $\qquad K_I = K_P/T_n = 0,50/\text{sec}$

sowie $\qquad K_{Io} = K_S K_I = 10/\text{sec}$

und $\qquad 1/K_{Io} = 0,1 \text{ sec}$

Bei dieser Berechnung ist der Fehler der Amplitudenkurve des Regelverstärkers, der bei der Eckkreisfrequenz 3 dB beträgt, nicht berücksichtigt. Bei entsprechender Korrektur ergeben sich kleinere Übertragungsbeiwerte ($K_P = 0,01$ und $K_I = 0,35/\text{sec}$). In jedem Fall ist das Ergebnis zwar besser als beim I-Regler, aber noch nicht zufriedenstellend.

Die Bode-Diagramme des Regelverstärkers und des offenen Regelkreises zeigt Bild 112.

Regelung mit <u>PD-Regler</u> : Durch den D-Anteil kann erreicht werden, daß die Phase φ_o des offenen Regelkreises den Winkel $\varphi_\delta = - 135°$ nicht unterschreitet. Der Proportionalbeiwert kann dann beliebig groß gewählt und dadurch der Regelfaktor r auf jeden gewünschten Wert gebracht werden.

Um den Differenzierbeiwert K_D nicht unnötig groß zu machen, soll die Eckkreisfrequenz ω_{EPD} so gewählt werden, daß die Phase φ_o den Winkel $- 135°$ gerade noch erreicht. Wie Bild 113 zeigt, wird diese Bedingung mit

$$\omega_{EPD} = 128/\text{sec}$$

erfüllt (dieser Wert muß durch Probieren ermittelt werden). Damit ergibt sich die Vorhaltzeit

$$T_v = 1/\omega_{EPD} = 7,8 \text{ msec}$$

Bild 113 enthält die Bode-Diagramme des Regelverstärkers (F_R, φ_R) und des offenen Regelkreises (F_o, φ_o) für $K_P = 5$ (Bei diesem Wert bleibt der Regelfaktor r unter 1 %).

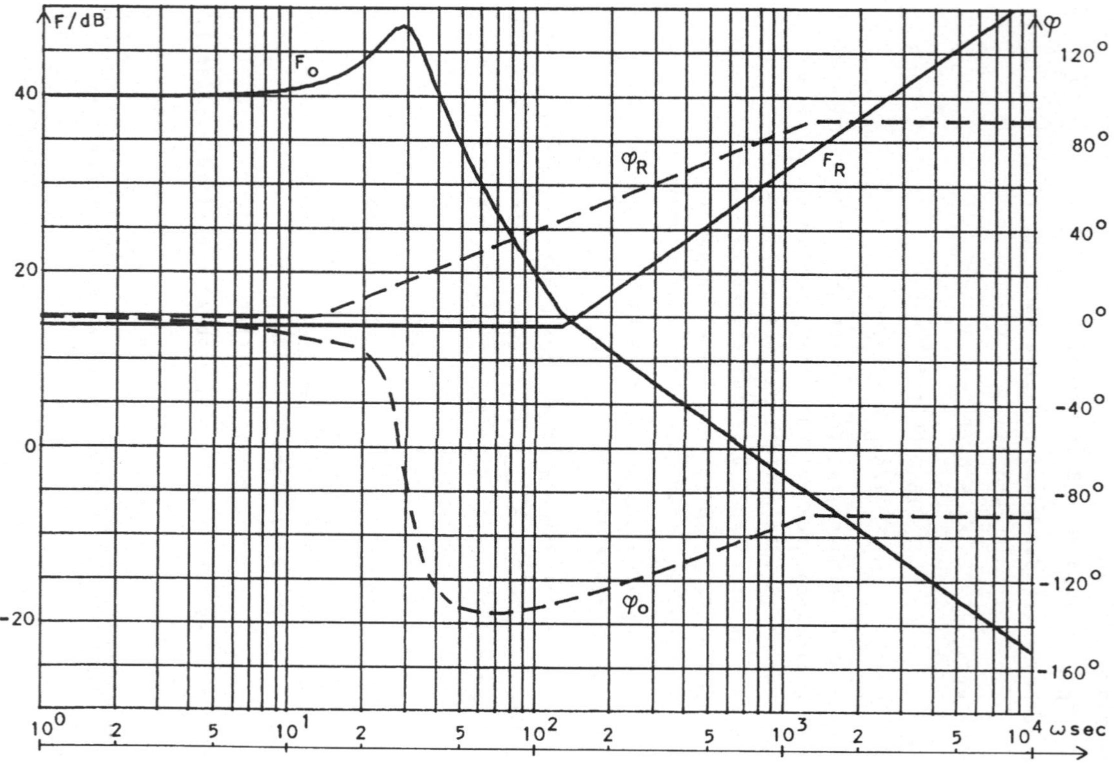

Bild 113 Bode-Diagramme zur Aufgabe 45   (PD-Regler)

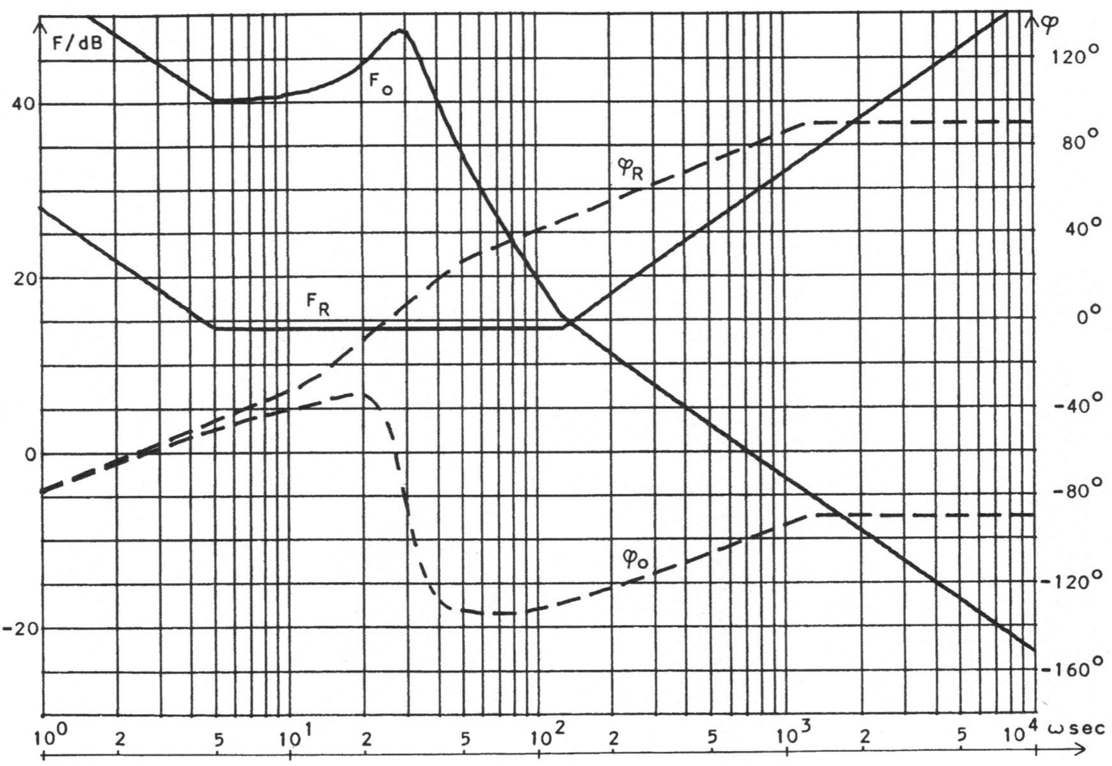

Bild 114 Bode-Diagramme zur Aufgabe 45   (PID-Regler)

Regelung mit <u>PID-Regler</u> : Da mit dem PD-Regler bereits ein
sehr gutes Ergebnis erzielt wird, braucht nur noch ein I-Anteil in der Weise hinzugefügt **zu werden,** daß Betrags- und Pha-
senreserve nicht verkleinert werden. Die bereits ermittelten
Werte können vom PD-Regler übernommen werden, doch müssen
sie als Daten der Kettenschaltung aufgefaßt werden. Somit ist

$$T_{vk} = 7,8 \text{ msec}$$

Der vom PI-Knick herrührende Phasengang soll so verlaufen,
daß der Phasengang φ_o des offenen Regelkreises $- 135°$
nicht unterschreitet. Das wird erreicht, wenn

$$\omega_{EPI} = 5/sec$$

gewählt wird. Dann ist

$$T_{nk} = 1/\omega_{EPI} = 0,2 \text{ sec}$$

Nach [2], Gl. (44) erhält man die Daten der Parallelschal-
tung $\qquad T_n = T_{nk} + T_{vk} = 0,21 \text{ sec}$

und
$$T_v = \frac{T_{nk}T_{vk}}{T_{nk} + T_{vk}} = 7,5 \text{ msec}$$

Der Proportionalbeiwert K_P kann wieder beliebig gewählt
werden. Bild 114 zeigt die Bode-Diagramme des Regelverstärkers (F_R, φ_R) und des offenen Regelkreises (F_o, φ_o) für
$K_P = 5,2$ $(K_{Pk} = 5)$.

<u>Aufgabe 46</u>: a) Die Übertragungsfunktion der Strecke läßt
sich schreiben

$$F_S(s) = \frac{K_{IS}}{s\left[1 + 2\vartheta s/\omega_o + (s/\omega_o)^2\right]}$$

mit $\qquad \vartheta = 1,06 \qquad$ und $\qquad \omega_o = 0,707/sec$.
Damit ergibt sich für den Regelkreis der Wirkungsplan von
Bild 115. (Das $P-T_2$-Glied kann auch durch zwei $P-T_1$-Glieder
mit den Zeitkonstanten T_1 und T_D ersetzt werden.)

b) Es ist zweckmäßig, zunächst die Übertragungsfunktion des
offenen Regelkreises aufzustellen. Da sie dimensionslos ist,
erübrigt sich dann eine Normierung. Zudem ergibt sich wegen
$T_v = T_1$ eine Vereinfachung. Es wird

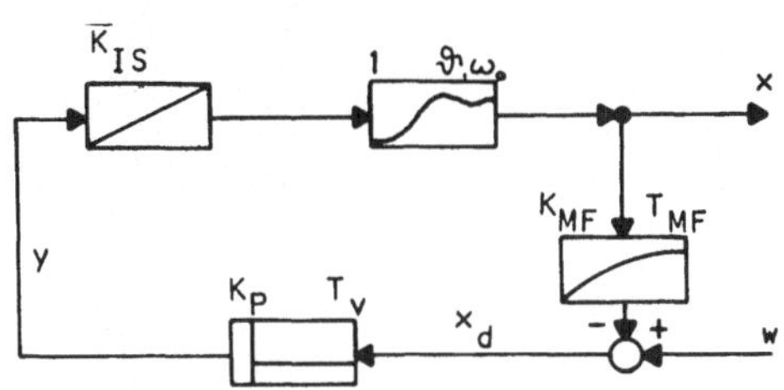

Bild 115   Wirkungsplan des Regelkreises von Aufgabe 46

$$F_o(s) = F_S(s)F_R(s)F_{MF}(s) = \frac{K_{IS}K_P(1 + T_V s)}{s(1 + T_1 s)(1 + T_2 s)}\cdot\frac{K_{MF}}{1 + T_{MF}s}$$

oder wegen $T_V = T_1$

$$F_o(s) = \frac{10^{-2}/sec}{s(1 + T_2 s)(1 + T_{MF}s)}$$

Das ist I-T_2-Verhalten. Nach [2] , Abschn. 4.1 ist zunächst
das vereinfachte Bode-Diagramm zu zeichnen. (Von diesem sind
mit Rücksicht auf die Übersichtlichkeit in Bild 116 nur die
Knickpunkte aufgeführt.) Anschließend ist nach den gegebenen
Richtlinien eine Korrektur durchzuführen. Das Ergebnis F_o, φ_o
zeigt Bild 116 .

c) Nach dem Bode-Diagramm von Bild 116   erreicht die Phase
φ_o den Winkel $- 180°$ bei der Kreisfrequenz
$\omega_\varepsilon = 0,045/sec$. Der zugehörige Amplitudenwert ist
$F_o \triangleq - 26,4$ dB; somit ist **die Betragsreserve**

$$\varepsilon \triangleq 26,4 \text{ dB}$$

Die Amplitude F_o nimmt den Wert 0 dB bei der Kreisfrequenz $\omega_\delta = 7,9\cdot10^{-3}/sec$
an. An dieser Stelle wird die Phase $\varphi_o = - 131°$. **Die Phasen-**
reserve ist der Ergänzungswinkel zu $- 180°$, also

$$\delta = 180° - 131° = 49°$$

d) Nunmehr ist die **Phasenreserve** δ mit $30°$ vorgegeben. Die
Phase φ_o erreicht den Winkel $\varphi_\delta = \delta - 180° = - 150°$ bei

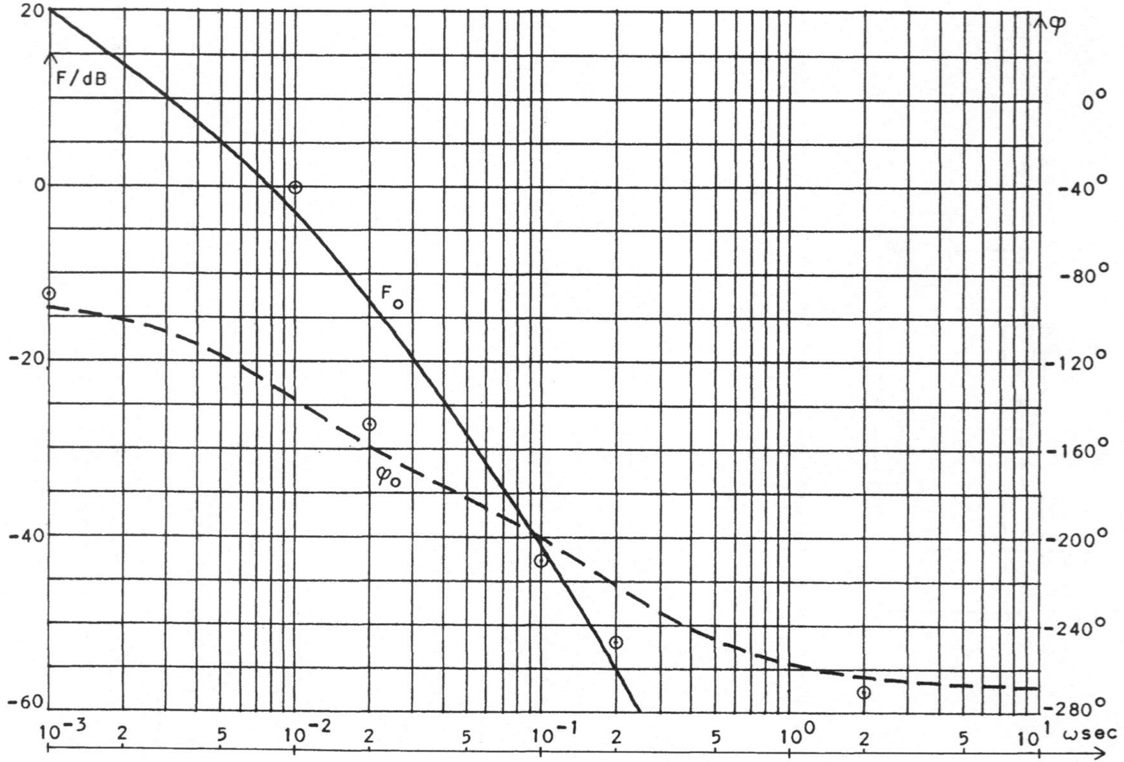

Bild 116 Bode-Diagramm des offenen Regelkreises (Aufg. 46)

der Kreisfrequenz 0,015/sec; der zugehörige Amplitudengang-
wert ist $F_o \triangleq$ - 8,4 dB . Da maximal 0 dB zulässig sind,
kann der Proportionalbeiwert K_P des Regelverstärkers noch
um 8,4 dB oder um den Faktor 2,6 auf $2,6 \cdot 10^6$ W/V vergrößert werden.

Aufgabe 47 : Bild 117 zeigt das Bode-Diagramm F_S, φ_S
der Regelstrecke. (Die eingezeichneten Punkte geben die
Knickstellen des vereinfachten Bode-Diagramms an.)

Regelung mit P-Regler : Da die Phase φ_o des offenen Regelkreises - 180° nicht unterschreitet, wird die Betragsreservebedingung beliebig gut erfüllt.

Der Phasenwinkel $\varphi_\delta = \delta$ - 180° = - 120° wird bei
ω_δ = 0,72/sec erreicht; bei dieser Kreisfrequenz hat die
Streckenamplitude $F_S \triangleq$ 25,1 dB . Da die Kreisverstärkung
0 dB nicht übersteigen soll, folgt für den Regelverstärker
$$F_R = K_P \triangleq - 25,1 \text{ dB}$$
oder $$K_P = 0,056$$

Es ergibt sich als Integrierbeiwert des offenen Regelkreises
$$K_{Io} = K_{IS} K_P = 0,83/\text{sec} \text{ und somit } 1/K_{Io} = 1,2 \text{ sec}$$
Die Regelung ist nicht schnell genug, zudem werden Störungen,
die am Streckeneingang auftreten, wegen des kleinen Proportionalbeiwertes K_P nur ungenügend ausgeregelt.

Regelung mit I-Regler : Die Phase φ_o des offenen Regelkreises liegt 90° unter der der Strecke und damit ständig
unter - 180°; der Regelkreis ist daher instabil.

Regelung mit PI-Regler : Nach den Richtlinien von [2],
Abschn. 4.1 ist beim PI-Regler mit einer um 5° vergrößer-
ten Phasenreserve (also hier δ = 65°) zu rechnen; dafür darf
dann für den Regelverstärker das vereinfachte Bode-Diagramm
zugrunde gelegt werden. Mit dieser Phasenreserve führen wir
die Bestimmung des Proportionalbeiwertes (wie unter "Regelung
mit P-Regler") noch einmal durch und erhalten

$$K_P = 0,043 \triangleq - 27,4 \text{ dB} \quad \text{und} \quad \omega_\delta = 0,58/\text{sec}$$

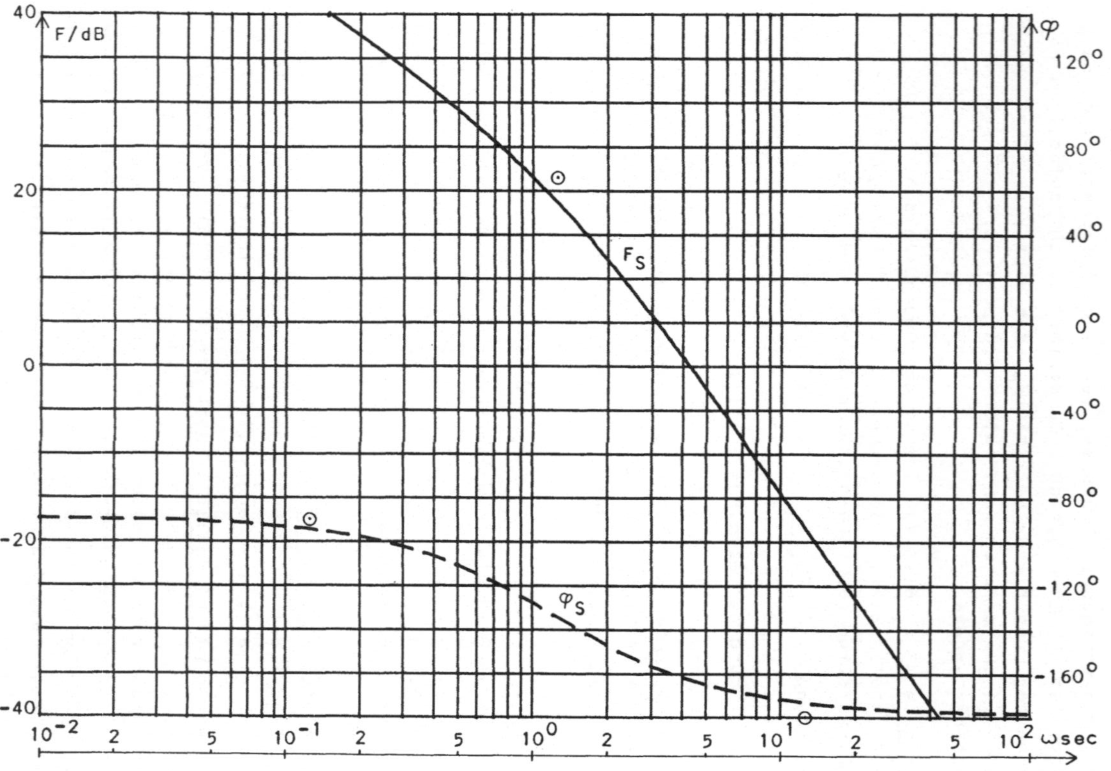

Bild 117 Bode-Diagramm der Strecke von Aufgabe 47

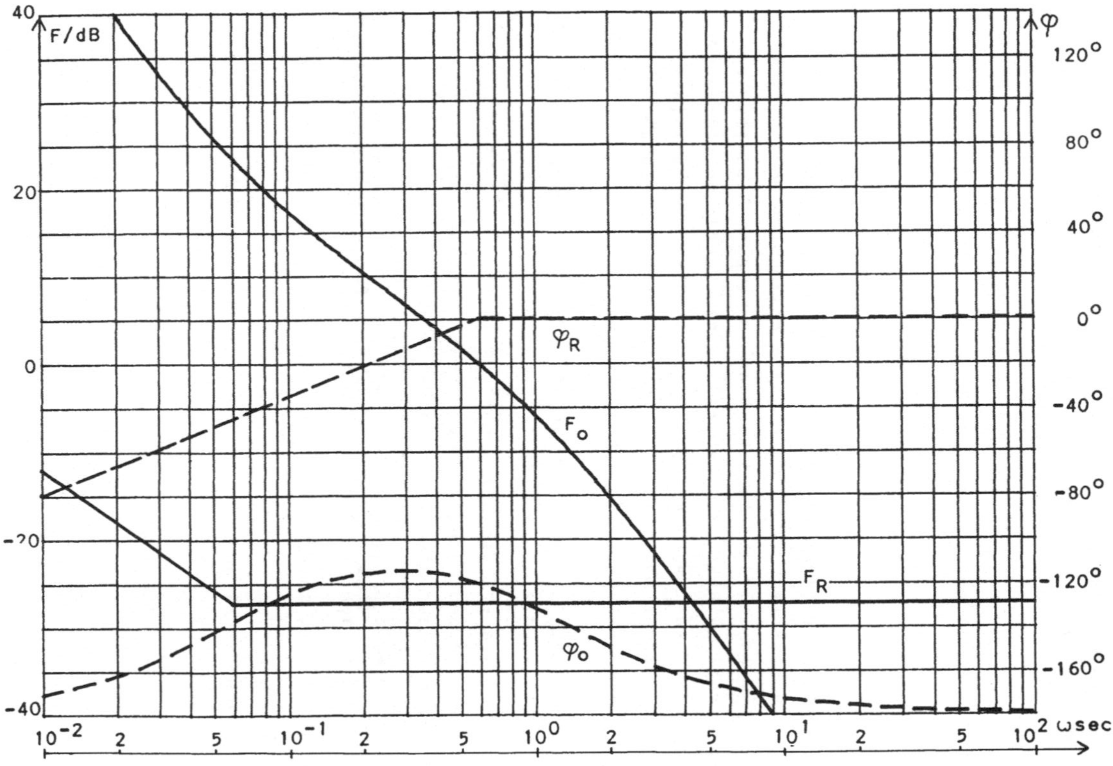

Bild 118 Bode-Diagramme zur Aufgabe 47 (PI-Regler)

Die Phasenkurve φ_R des Regelverstärkers muß bei der Kreisfrequenz ω_δ bereits 0° erreicht haben; das ist der Fall,
wenn man die Eckkreisfrequenz

$$\omega_{EPI} = 0,1 \cdot \omega_\delta = 0,058/sec$$

wählt. Damit wird die Nachstellzeit

$$T_n = 1/\omega_{EPI} = 17,2 \ sec$$

und der Integrierbeiwert des Regelverstärkers

$$K_{IR} = K_P/T_n = 2,5 \cdot 10^{-3}/sec$$

Bild 118 zeigt das (vereinfachte) Bode-Diagramm des PI-
Regelverstärkers (F_R, φ_R) sowie das exakte Bode-Diagramm
F_o, φ_o des offenen Regelkreises. An diesem Diagramm kann
nachträglich überprüft werden, ob das Verfahren mit der Näherungskurve zum richtigen Ergebnis führt. Man bestimmt die
Phasenreserve exakt zu $\delta = 59^\circ$; der vorgegebene Wert (60°)
wird also nur um 1° unterschritten.

Aufgabe 48 : a) Aus dem Nenner der Übertragungsfunktion
erhält man die charakteristische Gleichung

$$4 + 2 \ sec \cdot s + 1 \ sec^2 \cdot s^2 + 2 \ sec^3 \cdot s^3 = 0$$

Die zweite Bedingung des Hurwitz-Kriteriums (s. [2], Abschn.
2.6), nach der die Determinante

$$\begin{vmatrix} a_2 & a_o \\ a_3 & a_1 \end{vmatrix} = \begin{vmatrix} 1 \ sec^2 & 4 \\ 2 \ sec^3 & 2 \ sec \end{vmatrix} = 2 \ sec^3 - 8 \ sec^3$$

positiv sein soll, ist nicht erfüllt; die Strecke ist instabil.

b) Nach dem Wirkungsplan von Bild 71 a ergibt sich die
Übertragungsfunktion

$$F_1(s) = \frac{x(s)}{y_1(s)} = \frac{K_P F_S(s)}{1 + K_P F_S(s)} =$$

$$= \frac{K_P(4 + 20 \ sec \cdot s)}{4 + 2 \ sec \cdot s + 1 \ sec^2 \cdot s^2 + 2 \ sec^3 \cdot s^3 + K_P(4 + 20 \ sec \cdot s)} =$$

$$= \frac{K_P(4 + 20 \ sec \cdot s)}{4(1 + K_P) + 2 \ sec \cdot (1 + 10 K_P)s + 1 \ sec^2 \cdot s^2 + 2 \ sec^3 \cdot s^3}$$

Demnach ist die charakteristische Gleichung

$$4(1 + K_P) + 2 \sec(1 + 10\ K_P) + 1 \sec^2 \cdot s^2 + 2 \sec^3 \cdot s^3 = 0$$

Wir prüfen die Stabilität mit dem Hurwitz-Kriterium (s. [2], Abschn. 2.6). Die Forderung a) (alle Koeffizienten positiv) ist erfüllt. Nach der Bedingung b) soll die Determinante

$$a_1 a_2 - a_0 a_3 = 2 \sec(1 + 10\ K_P) 1 \sec^2 - 4(1 + K_P) \cdot 2 \sec^3 > 0$$

sein. (Die Bedingung c) entfällt, weil es nur einreihige Unterdeterminanten gibt.)

Es folgt $\qquad\qquad 2 + 20 K_P - 8 - 8 K_P > 0$

oder $\qquad\qquad\qquad K_P > 0,5$

Die Schleife ist für $K_P > 0,5$ stabil und für $K_P \leqq 0,5$ instabil.

c) Da $F_1(0) = K_P/(1 + K_P)$, wird nach den Grenzwertsätzen wegen $(y_1(t))_{t \to \infty} = 1$

$$(x(t))_{t \to \infty} = \frac{K_P}{1 + K_P}(y_1(t))_{t \to \infty} = \frac{K_P}{1 + K_P} = 0,5$$

Die bleibende Abweichung ist dann

$$(x(t) - y_1(t))_{t \to \infty} = \frac{K_P}{1 + K_P} - 1 = -\frac{1}{1 + K_P} = -0,5$$

d) Nach dem Wirkungsplan von Bild 71 b ergibt sich die Kreisübertragungsfunktion

$$F_o(s) = (K_I/s) \cdot F_1(s) =$$

$$= \frac{K_I K_P(4 + 20\ \sec \cdot s)}{s[4(1 + K_P) + 2 \sec \cdot (1 + 10\ K_P)s + 1 \sec^2 \cdot s^2 + 2 \sec^3 \cdot s^3]}$$

und daraus die Führungsübertragungsfunktion

$$F_w(s) = \frac{F_o(s)}{1 + F_o(s)} = \frac{1}{1 + (1/F_o(s))}$$

Für $s \to 0$ strebt $F_o(s)$ gegen unendlich und infolgedessen $F_w(s)$ gegen 1 . Nach den Grenzwertsätzen ist dann der stationäre Endwert $\qquad (x(t))_{t \to \infty} = 1$

und die bleibende Abweichung

$$(x_w(t))_{t \to \infty} = (x(t) - w(t))_{t \to \infty} = 0$$

Es ergibt sich die charakteristische Gleichung

$$1 + F_o(s) = 0$$

oder

$$4K_I K_P + (4 + 4K_P + 20 \text{ sec} \cdot K_I K_P)s + (2 + 20 K_P)\text{sec} \cdot s^2 +$$
$$+ 1 \text{ sec}^2 \cdot s^3 + 2 \text{ sec}^3 \cdot s^4 = 0$$

oder mit den gegebenen Werten

$$0,4/\text{sec} + 10 \text{ s} + 22 \text{ sec} \cdot s^2 + 1 \text{ sec}^2 \cdot s^3 + 2 \text{ sec}^3 \cdot s^4 = 0$$

Da die Determinanten

$$\begin{vmatrix} 1 \text{ sec}^2 & 10 & 0 \\ 2 \text{ sec}^3 & 22 \text{ sec} & 0,4/\text{sec} \\ 0 & 1 \text{ sec}^2 & 10 \end{vmatrix} = (220 - 0,4 - 200)\text{sec}^3 = 19,6 \text{ sec}^3$$

und

$$\begin{vmatrix} 1 \text{ sec}^2 & 10 \\ 2 \text{ sec}^3 & 22 \text{ sec} \end{vmatrix} = 22 \text{ sec}^3 - 20 \text{ sec}^3 = 2 \text{ sec}^3$$

positiv sind, sind alle Bedingungen des Hurwitz-Kriteriums
erfüllt; der Regelkreis ist stabil.

__Aufgabe 49__ :   Der Wirkungsplan von Bild 72   läßt sich
durch Verlagern einer Additionsstelle in den Wirkungsplan
von Bild 119 umformen.

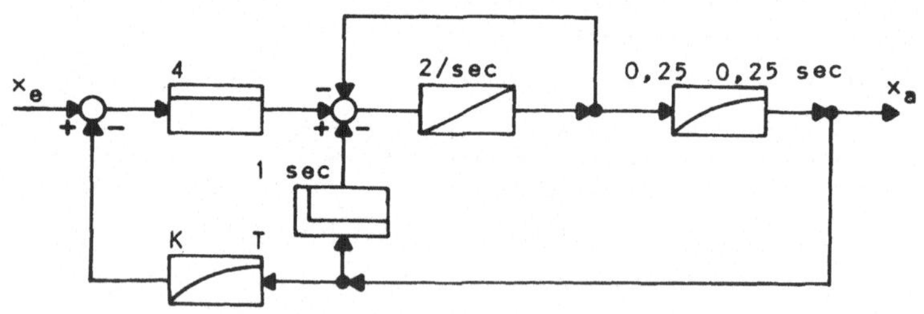

Bild 119   Umformung des Wirkungsplanes von Bild 72

Nach den bekannten Regeln ergibt sich die Übertragungsfunktion

$$F(s) = \frac{4 \dfrac{\dfrac{1}{1 + 0,5\ \text{sec}\cdot s} \cdot \dfrac{0,25}{1 + 0,25\ \text{sec}\cdot s}}{1 + \dfrac{0,25\ \text{sec}\cdot s}{(1 + 0,5\ \text{sec}\cdot s)(1 + 0,25\ \text{sec}\cdot s)}}}{1 + 4 \dfrac{\dfrac{0,25}{(1 + 0,5\ \text{sec}\cdot s)(1 + 0,25\ \text{sec}\cdot s)}}{1 + \dfrac{0,25\ \text{sec}\cdot s}{(1 + 0,5\ \text{sec}\cdot s)(1 + 0,25\ \text{sec}\cdot s)}}} \cdot \frac{K}{1 + Ts}$$

$$= \frac{1 + Ts}{[(1 + 0,5\ \text{sec}\cdot s)(1 + 0,25\ \text{sec}\cdot s) + 0,25\ \text{sec}\cdot s](1 + Ts) + K}$$

$$= \frac{1 + Ts}{1 + K + (1\ \text{sec} + T)s + (\frac{1}{8}\ \text{sec}^2 + 1\ \text{sec}\cdot T)s^2 + \frac{T}{8}\ \text{sec}^2 \cdot s^3}$$

Durch Nullsetzen des Nenners ergibt sich die charakteristische Gleichung. Nach Hurwitz ist das System stabil, wenn die Determinante

$$\begin{vmatrix} 0,125\ \text{sec}^2 + 1\ \text{sec}\ T & 1 + K \\ 0,125\ \text{sec}^2\ T & 1\ \text{sec} + T \end{vmatrix}$$

$$= 0,125\ \text{sec}^3 + 1\ \text{sec}^2 \cdot T + 1\ \text{sec}\cdot T^2 - 0,125\ \text{sec}^2 \cdot TK$$

positiv ist. Das ergibt für den Proportionalbeiwert K

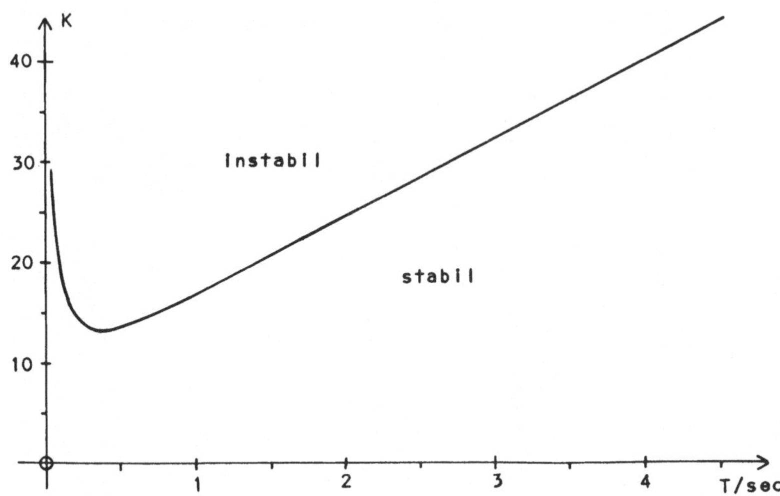

Bild 120 Stabiler und instabiler Bereich des Systems von
          Bild 72

die Bedingung
$$K < \frac{1\ \text{sec}}{T} + 8 + 8\frac{T}{\text{sec}}$$

Bild 120 zeigt die Grenzkurve. Wertepaare K, T , die zu Punkten unterhalb der Kurve gehören, ergeben ein stabiles System; andere führen zur Instabilität.

<u>Aufgabe 50</u> : a) Zuerst legt man an die Amplitudenkurve Tangenten (in Bild 122 punktiert). Dadurch findet man die Eckkreisfrequenzen

$$\omega_{E1} = 0,03/\text{sec} \qquad \text{und} \qquad \omega_{E2} = 0,4/\text{sec}$$

Die Amplitudenkurve deutet somit auf $P-T_2$-Verhalten mit dem Proportionalbeiwert $K_S = 32 \triangleq 30$ dB und den Zeitkonstanten $T_1 = 1/\omega_{E1} = 33$ sec und $T_2 = 1/\omega_{E2} = 2,5$ sec hin; dazu würde der Phasenverlauf φ_{P-T_2} von Bild 122 gehören. Tatsächlich liegt die Streckenphase φ_S bei hohen Kreisfrequenzen tiefer. Das weist darauf hin, daß zusätzlich eine Totzeit im Spiel ist. Diese läßt sich in folgender Weise bestimmen: Bei einer beliebigen (nicht zu kleinen) Kreisfrequenz, z. B. bei $\omega = 6/\text{sec}$, wird die Differenz $\varphi_S - \varphi_{P-T_2} = -86^\circ$ abgelesen; sie muß gleich der Phase $-\omega T_+$ des Totzeitgliedes sein

$$-\omega T_+ = -86^\circ = -\frac{86^\circ}{180^\circ}\cdot\pi = -1,5$$

oder
$$T_+ = \frac{1,5}{6/\text{sec}} = 0,25\ \text{sec}$$

Damit ergibt sich für die Strecke der Wirkungsplan von Bild 121.

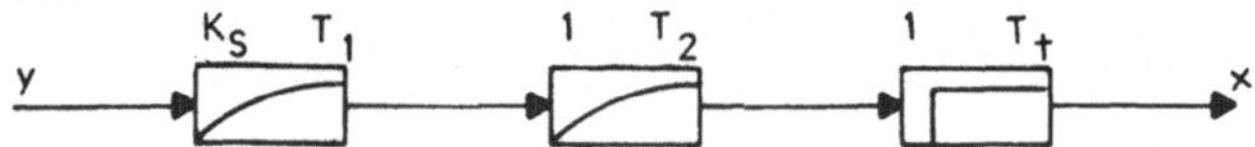

Bild 121   Wirkungsplan der Strecke von Aufgabe 50

b) Die Übertragungsfunktion der Regelstrecke ist

$$F_S(s) = \frac{x(s)}{y(s)} = \frac{32\cdot e^{-0,25\ \text{sec}\cdot s}}{(1 + 33\ \text{sec}\cdot s)(1 + 2,5\ \text{sec}\cdot s)}$$

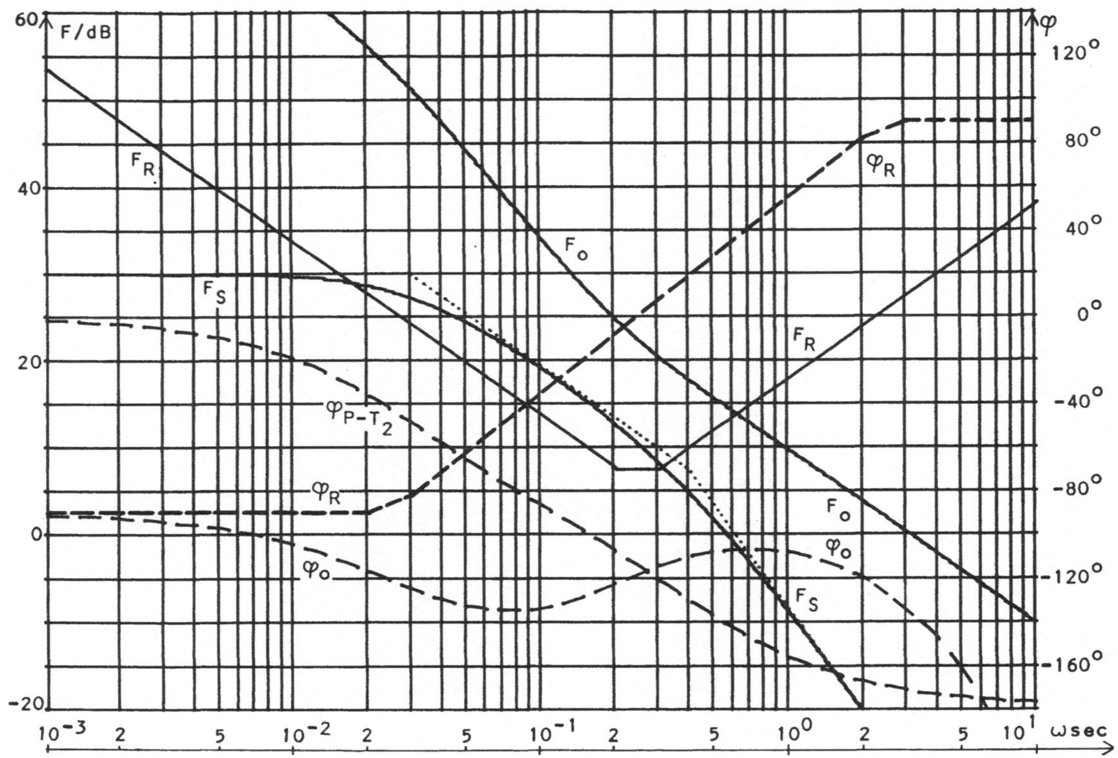

Bild 122 Bode-Diagramme zur Aufgabe 50

c) Bei einem Totzeitverhalten in der Regelstrecke führt ein D-Anteil im Regelverstärker häufig zur Instabilität. Hier ist die Totzeit jedoch klein gegenüber den Zeitkonstanten des $P-T_2$-Anteils und spielt deshalb nur eine geringe Rolle. Darauf ist es zurückzuführen, daß (wie die folgende Betrachtung zeigt) eine Regelung mit PID-Regler möglich ist.

Nach den Richtlinien von [2], Abschn. 4.1 ist für den PID-Regler mit einer um 10° erhöhten Phasenreserve (also 55°) zu rechnen; dafür kann dann für den Regelverstärker das vereinfachte Bode-Diagramm zugrunde gelegt werden. Nimmt man an, daß die positive Phasendrehung um 90° des Regelverstärkers bei den Kreisfrequenzen ω_ε und ω_δ , bei denen Betrags- und Phasenreserve abgelesen werden, voll wirksam wird, so kann man von einer Gesamtphase φ_0 ausgehen, die um 90° über der Phasenkurve φ_S der Strecke (Bild 73) liegt. Die Phase φ_0 erreicht dann -180° bei $\omega_\varepsilon = 6,5/sec$. Bei dieser Kreisfrequenz hat die Streckenamplitude

$$F_S \triangleq -40,6 \text{ dB}$$

Um die Betragsreserve von 8 dB einzuhalten, muß

$$F_R \triangleq\leqq 40,6 \text{ dB} - 8 \text{ dB} = 32,6 \text{ dB} \quad \text{bei} \quad \omega_\varepsilon = 6,5/sec$$

sein (Betragsreservebedingung).

Den Winkel $\varphi_\delta = \delta - 180^\circ = 55^\circ - 180^\circ = -125^\circ$ erreicht die Phase φ_0 bei der Kreisfrequenz $\omega_\delta = 3,0/sec$. Der zugehörige Wert der Streckenamplitude ist $F_S \triangleq -27,5 \text{ dB}$. Da an dieser Stelle die Kreisverstärkung 0 dB nicht übersteigen darf, folgt

$$F_R \quad 27,5 \text{ dB} \quad \text{bei} \quad \omega_\delta = 3,0/sec \text{ (Phasenreservebedingung)}$$

Die zweite Bedingung ist - auch bei Berücksichtigung des Anstiegs der Regleramplitude von ω_δ bis ω_ε - die schärfere.

Da die Phase φ_R des Regelverstärkers bis zur Kreisfrequenz ω_δ den Wert 0° erreicht haben soll, muß als Eckkreisfrequenz

$$\omega_{EPD} = 0,1\,\omega_\delta = 0,3/sec$$

gewählt werden. Damit ergibt sich die Vorhaltzeit

$$T_{vk} = 1/\omega_{EPD} = 3,3/sec$$

Die Amplitude des Regelverstärkers steigt von der Eckkreisfrequenz ω_{EPD} bis ω_δ um 20 dB an; bei ω_{EPD} nimmt
sie den Proportionalbeiwert K_{Pk} an. Somit wird

$$K_{Pk} = 2,4 \triangleq 7,5 \text{ dB}$$

Nun ist noch der I-Anteil so zu bemessen, daß Betragsreserve
und Phasenreserve nicht verschlechtert werden. Dabei soll die
Gesamtphase φ_o auch bei Kreisfrequenzen $\omega < \omega_\delta$ die
- 125°- Linie nicht mehr unterschreiten. Das wird vermieden,
wenn die Eckkreisfrequenz

$$\omega_{EPI} = 0,2/sec$$

gewählt wird. Damit ergibt sich die Nachstellzeit

$$T_{nk} = 1/\omega_{EPI} = 5 \text{ sec}$$

Nach [2], Gl. (44) erhält man als Daten der Parallelschal-
tung

$$K_P = K_{Pk}(1 + T_{vk}/T_{nk}) = 4,0 \qquad T_n = T_{nk} + T_{vk} = 8,3 \text{ sec}$$

$$T_v = T_{nk}T_{vk}/(T_{nk} + T_{vk}) = 2,0 \text{ sec}$$

$$K_I = K_P/T_n = 0,48/sec \qquad K_D = K_P T_v = 8,0 \text{ sec}$$

Damit wird der Integrierbeiwert des offenen Regelkreises

$$K_{Io} = K_S K_I = 15,4/sec$$

und

$$1/K_{Io} = 65 \text{ msec}$$

Da diese Zeit sehr viel kleiner als die größte Zeitkonstante
($T_1 = 33$ sec) der Strecke ist, ist eine sehr gute Regelung
zu erwarten.

Bild 122 zeigt das (angenäherte) Bode-Diagramm F_R, φ_R des
Regelverstärkers sowie das exakte Bode-Diagramm F_o, φ_o des
offenen Regelkreises. An diesem Diagramm kann - wie in
Aufgabe 47 - das Verfahren nachträglich überprüft werden.
Die vorgeschriebene Phasenreserve von 45° wird eingehalten.

Lösungen der Aufgaben von Abschnitt 4.

Aufgabe 51: An einem stationären Betriebspunkt verschwinden alle Ableitungen nach der Zeit. Deshalb gilt

$$Y_o = f(X_o) = X_o^2 + 4X_o$$

mit der positiven Lösung $X_o = \sqrt{Y_o + 4} - 2 = 0,236$.
Für kleine Änderungen um den Betriebspunkt wird geschrieben

$$x = X_o + \Delta x, \quad y = Y_o + \Delta y$$

und es ist $\dot{x} = \Delta \dot{x}, \quad \ddot{x} = \Delta \ddot{x}$.
Die linearisierte Differentialgleichung lautet

$$a_2 \Delta \ddot{x} + a_1 \Delta \dot{x} + \left. \frac{df(x)}{dx} \right|_{x=X_o} \Delta x = \Delta y$$

oder mit den gegebenen Werten

$$1 \text{ sec}^2 \Delta \ddot{x} + 2 \text{ sec } \Delta \dot{x} + 2 \sqrt{5} \Delta x = \Delta y$$

Nun läßt sich die Übergangsfunktion h(t) für diesen Betriebspunkt berechnen

$$h(t) = 0,224[1 - 1,135 \, e^{-t/sec} \cos(1,86t/sec - 28,3°)]$$

Aufgabe 52: Für kleine Auslenkungen x kann sin x = x gesetzt werden. Die Differentialgleichung ist dann linear, und es wird $x(t) = X_o \cos \omega_o t$, mit $\omega_o = \sqrt{g/l}$, und die Zustandskurve

$$\frac{x_1^2}{X_{10}^2} + \frac{x_2^2}{X_{10}^2 \omega_o^2} = 1$$

Das sind Ellipsen mit dem Mittelpunkt im Ursprung. Mit der Normierung $y_1 = x_1$ und $y_2 = x_2/\omega_o$ ergeben sich Kreise um den Nullpunkt mit dem Anfangswert $X_{10} = Y_{10}$ als Radius

$$y_1^2 + y_2^2 = Y_{10}^2$$

Für größere Auslenkungen muß die Sinusfunktion berücksichtigt werden. Die Differentialgleichung für die Zustandskurven wird dann

$$\frac{dx_2}{dx_1} = \frac{-\omega_o^2 \sin x_1}{x_2}$$

und normiert

$$\frac{dy_2}{dy_1} = -\frac{\sin y_1}{y_2}$$

Die Lösung lautet $y_2 = \pm\sqrt{2(\cos y_1 - \cos Y_{10})}$
Das sind geschlossene Kurven symmetrisch zu beiden Achsen.
Die Zustandskurven beschreiben Dauerschwingungen, darge-
stellt in Bild 123.

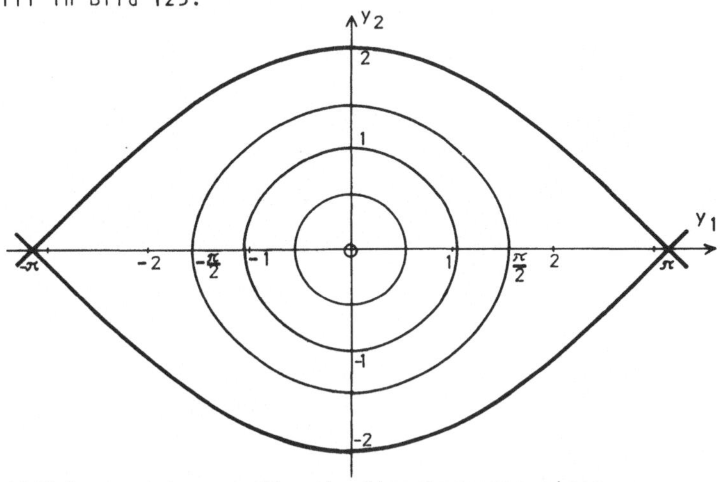

Bild 123 Zustandskurven für die Eigenbewegung eines
ungedämpften Pendels

Physikalisch gesehen hat eine Auslenkung von mehr als $\pm 180^{\circ}$
keinen Sinn. Dazu würde eine neue Ruhelage von $\pm 360^{\circ}$ gehören.
Bei genau 180° Auslenkung kann das Pendel nach links oder
rechts fallen. Daher ist der Bereich für Auslenkungen bis $\pm\pi$
abgegrenzt. Die Kurvenscharen wiederholen sich mit der
Periode 2π in y_1-Richtung. Die Zustandskurve, die diese
Bereiche abgrenzt, heißt Separatrix.
Liegt der Anfangspunkt (Y_{10}, Y_{20}) außerhalb der von den
Separatrizen eingeschlossenen Bereiche (das ist nur möglich,
wenn die Anfangsgeschwindigkeit $\neq 0$ ist), so rotiert das
Pendel. Die Zustandskurve ist dann eine Wellenlinie ober-
bzw. unterhalb dieser Bereiche.

<u>Aufgabe 53</u>: Die Differentialgleichungen für die Zustandsgrö-
ßen entnimmt man dem Wirkungsplan, Bild 85 a.

$$x_1 + T_2 \dot{x}_1 = x_2 \qquad \text{oder} \qquad \dot{x}_1 = (- x_1 + x_2)/T_2$$

$$x_2 + T_1 \dot{x}_2 = Ky \qquad\qquad\qquad \dot{x}_2 = (- x_2 + Ky)/T_1$$

Dabei ist $y = Y_s$ oder $y = 0$, abhängig von $x_d = w - x$.
Beide Differentialgleichungen werden im Zeitbereich gelöst.
Für die Temperaturänderung x_1 kann man auch die Differential-
gleichung zweiter Ordnung mit der bekannten Lösung ansetzen.
Man erhält

$$x_1(t) = Ky + \frac{T_1(X_{20}- Ky)}{T_1 - T_2} e^{-t/T_1} + (X_{10}- Ky - \frac{T_1(X_{20}- Ky)}{T_1 - T_2})e^{-t/T_2}$$

$$x_2(t) = Ky + (X_{20}- Ky)e^{-t/T_1}$$

Die zweite Gleichung wird nach der Zeit t aufgelöst

$$t = - T_1 \ln \frac{x_2 - Ky}{X_{20}- Ky}$$

Dieser Ausdruck wird in die Gleichung von x_1 eingesetzt, dann
erhält man die Gleichung für die Zustandskurve

$$\frac{x_1(\frac{T_1}{T_2} - 1) - \frac{T_1}{T_2}x_2 + Ky}{X_{10}(\frac{T_1}{T_2} - 1) - \frac{T_1}{T_2}X_{20}+ Ky} = \left(\frac{x_2 - Ky}{X_{20}- Ky}\right)^{T_1/T_2}$$

Zu Beginn, nach Einschalten des Sollwertes w, sind $y = Y_s$
und $X_{10} = X_{20} = 0$, bis $x_1 = W + \varepsilon$ wird, dann schaltet der
Regler ab, $y = 0$, und die Kurve wird mit den neuen Anfangswerten $X_{10} = W + \varepsilon$ und dem zugehörigen X_{20} weiter berechnet.
Wird $x_1 = W - \varepsilon$, dann schaltet der Regler wieder auf Y_s, und
als Anfangswerte gelten nun die beim Umschalten bestehenden
Werte. Damit ist die Schaltbedingung für x_1 festgelegt. Für
x_2 entnimmt man sie den Differentialgleichungen: Das Einschalten (von 0 auf Y_s) erfolgt unterhalb der Geraden $x_2 = x_1$
das Abschalten oberhalb dieser Geraden. Die Zustandskurve
in Bild 124 (Schaltlinie gestrichelt) zeigt, daß sich nach

einmaligem Überschwingen eine Dauerschwingung einstellt. (Die
Frequenz ließe sich mit dem Zwei-Ortskurven-Verfahren bestimmen.)

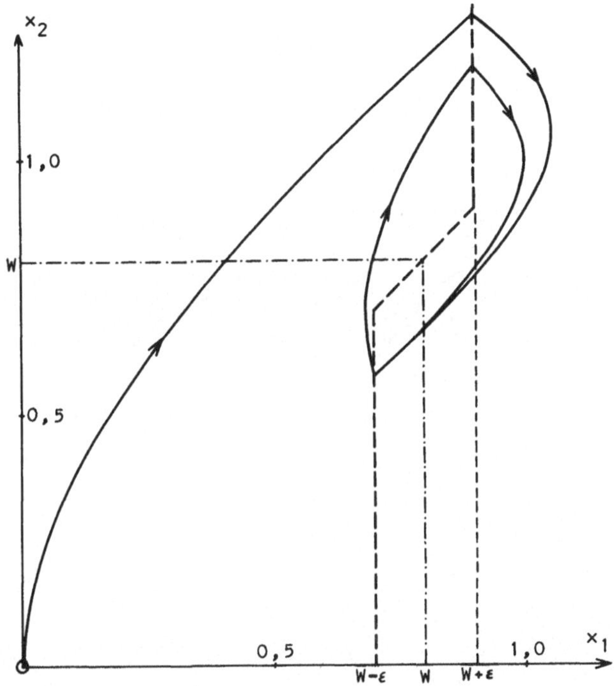

Bild 124 Zustandskurve für die Zweipunkt-Temperaturregelung

Aufgabe 54: Wenn wir wie in Beispiel 21 vorgehen, haben wir
für den Realteil der Beschreibungsfunktion folgendes Integral
zu lösen

$$N_R(X_s) = \frac{2\,Y_s}{\pi\,X_s^2}\left[\int_{-X_s}^{-a+2\varepsilon}\frac{-x\,dx}{\sqrt{X_s^2 - x^2}} + \int_{-a+2\varepsilon}^{a}\frac{(x - \varepsilon)x\,dx}{(a - \varepsilon)\sqrt{X_s^2 - x^2}} + \int_{a}^{X_s}\frac{x\,dx}{\sqrt{X_s^2 - x^2}}\right]$$

Das ergibt

$$N_R(X_s) = \frac{Y_s}{\pi(a-\varepsilon)}\left[\frac{a-2\varepsilon}{X_s}\sqrt{1-\frac{(a-2\varepsilon)^2}{X_s^2}} + \frac{a}{X_s}\sqrt{1-\frac{a^2}{X_s^2}}\right.$$

$$\left. + \operatorname{Arcsin}\frac{a-2\varepsilon}{X_s} + \operatorname{Arcsin}\frac{a}{X_s}\right]$$

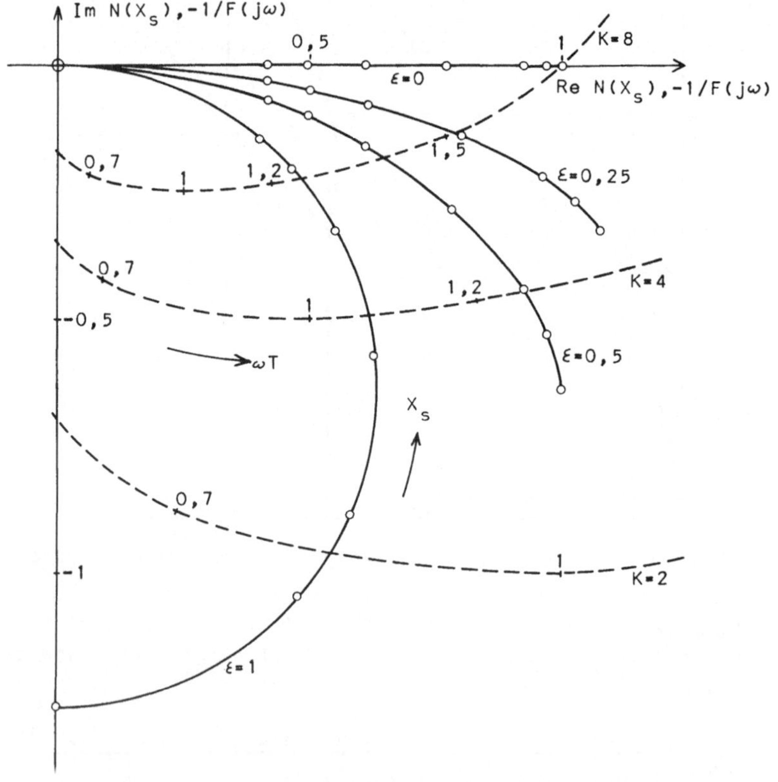

Bild 125 Zwei-Ortskurven-Verfahren für Stellglied mit Hysterese und P-T$_3$-Strecke (X$_s$-Werte von außen nach innen jeweils 1; 1,1; 1,2; 1,5; 2; 2,5; 3)

Der Imaginärteil der Beschreibungsfunktion wird aus dem
Flächeninhalt der Kennlinie ermittelt

$$N_I(X_s) = -\frac{4Y_s\,\varepsilon}{\pi\,X_s^{\,2}}$$

Für $\varepsilon = 0$ ergibt sich die Begrenzerkennlinie (vergl. [2] Beispiel 25), für $a = \varepsilon$ die Kennlinie des Zweipunktreglers mit
Hysterese (vergl. [2] Gl. (80)). In Bild 125 sind die ver-
schiedenen Fälle für die Beschreibungsfunktion $N(X_s)$ und
den negativ inversen Frequenzgang $- 1/F(j\omega)$ der Strecke
(gestrichelte Linien, ωT als laufender Parameter) gezeigt.

Dem Diagramm von Bild 122 entnimmt man folgende Ergebnisse
K = 2: Schnittpunkt von $N(X_s)$ und $-1/F(j\omega)$ in nur einem Fall
$\varepsilon = 1$ in (0,55 - J0,96) mit $\omega T = 0,86$ und $X_s = 1,15$

K = 4: Schnittpunkte in zwei Fällen
$\varepsilon = 1$ in (0,62 - J0,49) mit $\omega T = 1,07$ und $X_s = 1,61$
$\varepsilon = 0,5$ in (0,93 - J0,44) mit $\omega T = 1,25$ und $X_s = 1,20$

K = 8: Schnittpunkte in allen vier Fällen
$\varepsilon = 1$ in (0,48 - J0,22) mit $\omega T = 1,28$ und $X_s = 2,40$
$\varepsilon = 0,5$ in (0,64 - J0,17) mit $\omega T = 1,43$ und $X_s = 1,92$
$\varepsilon = 0,25$ in (0,78 - J0,13) mit $\omega T = 1,55$ und $X_s = 1,56$
$\varepsilon = 0$ in (1,0 - J 0) mit $\omega T = 1,73$ und $X_s = 1,0$

Die Tendenz ist leicht zu erkennen: je größer die Verstärkung K bzw. je größer die Hysterese ε um so mehr neigt der
Kreis dazu, Dauerschwingungen auszuführen. Die Amplitude X_s
wächst mit der Hysterese ε und der Verstärkung K. Die Kreisfrequenz ω wächst mit K, nimmt aber mit der Hysterese ε ab.

Lösungen der Aufgaben von Abschnitt 5.

Aufgabe 55: Durch Kürzen durch z^3 nimmt die z-Übertragungs-funktion $F_{zw}(z)$ die Form an

$$F_{zw}(z) = \frac{0,10788\ z^{-1} - 10,458\cdot10^{-3}\ z^{-2} - 86,150\cdot10^{-3}\ z^{-3}}{1 - 2,4517\ z^{-1} + 2,1556\ z^{-2} - 0,69268\ z^{-3}}$$

Da $F_{zw}(z)$ das Verhältnis $x(z)/w(z)$ der z-Transformierten von Regelgröße und Führungsgröße ist, ergibt sich die Beziehung

$$x(z) = (0,10788\ z^{-1} - 10,458\cdot10^{-3}\ z^{-2} - 86,150\cdot10^{-3}\ z^{-3})\cdot w(z)$$
$$+ (2,4517\ z^{-1} - 2,1556\ z^{-2} + 0,69268\ z^{-3})\cdot x(z)$$

Dabei bedeutet jede Multiplikation mit z^{-1} eine Verzögerung um eine Abtastperiode τ. Somit wird

$$x(t) = 0,10788\cdot w(t-\tau) - 10,458\cdot10^{-3}\cdot w(t-2\tau)$$
$$- 86,150\cdot10^{-3}\cdot w(t-3\tau)$$
$$+ 2,4517\cdot x(t-\tau) - 2,1556\cdot x(t-2\tau) + 0,69268\cdot x(t-3\tau)$$

Zwischen den Abtastfolgen x_k und w_k ergibt sich damit die Beziehung

$$x_k = 0,10788\ w_{k-1} - 10,458\cdot10^{-3}\ w_{k-2} - 86,150\cdot10^{-3}\ w_{k-3}$$
$$+ 2,4517\ x_{k-1} - 2,1556\ x_{k-2} + 0,69268\ x_{k-3}$$

Wegen $w(t) = 1\cdot\varepsilon(t)$ ist für die Abtastfolge

$$w_k = \begin{cases} 0 \text{ für } k < 0 \\ 1 \text{ für } k \geqq 0 \end{cases}$$

anzusetzen. Nach obiger Gleichung errechnen sich die Werte der Abtastfolge x_k zu

$$x_o = 0 \qquad x_1 = 0,1079 \qquad x_2 = 0,3619 \qquad x_3 = 0,6660$$
$$x_4 = 0,9388 \qquad x_5 = 1,1278 \qquad x_6 = 1,2141 \qquad x_7 = 1,2070$$
$$x_8 = 1,1347 \qquad x_9 = 1,0322 \qquad x_{10} = 0,9321 \qquad x_{11} = 0,8575$$

Man erkennt schon an diesen wenigen Werten, daß die Regelgröße x eine gedämpfte Schwingung ausführt. Ihr Endwert ist gleich der Führungsgröße $w = 1$.

Aufgabe 56: Man findet zunächst die Partialbruchzerlegung

$$F_S(s) = K_S\left[\frac{T_1^2}{(T_1 - T_2)(T_1 - T_3)(1 + T_1 s)} - \right.$$

$$\left. - \frac{T_2^2}{(T_1 - T_2)(T_2 - T_3)(1 + T_2 s)} + \frac{T_3^2}{(T_1 - T_3)(T_2 - T_3)(1 + T_3 s)}\right]$$

$$= \frac{3,6571429}{1 + T_1 s} - \frac{1,8}{1 + T_2 s} + \frac{0,14285714}{1 + T_3 s}$$

Nach [2], Gl (107) ergibt sich die z-Übertragungsfunktion

$$F_{zS}(z) = 3,6571429\,\frac{1 - e^{-\tau/T_1}}{z - e^{-\tau/T_1}} - 1,8\,\frac{1 - e^{-\tau/T_2}}{z - e^{-\tau/T_2}} +$$

$$+ 0,14285714\,\frac{1 - e^{-\tau/T_3}}{z - e^{-\tau/T_3}}$$

$$= \frac{0,17836096}{z - 0,951229} - \frac{0,22468803}{z - 0,875173} + \frac{0,047097136}{z - 0,670320}$$

$$F_{zS}(z) = \frac{0,77072\cdot10^{-3}\,z^2 + 2,66873\cdot10^{-3}\,z + 0,575297\cdot10^{-3}}{z^3 - 2,49672\,z^2 + 2,05676\,z - 0,558035}$$

Aufgabe 57: Aus Aufgabe 56 können wir die Partialbruchzerlegung der Übertragungsfunktion der Strecke übernehmen

$$F_S(s) = \frac{3,6571429}{1 + T_1 s} - \frac{1,8}{1 + T_2 s} + \frac{0,14285714}{1 + T_3 s}$$

Entsprechend dieser Zerlegung läßt sich die Regelstrecke auch
durch den Wirkungsplan von Bild 126 darstellen. Die Größen
x_1^*, x_2^*, x_3^* sind - als Ausgangsgrößen von P-T$_1$-Gliedern -
Zustandsgrößen. Entsprechend der Nomenklatur von [2], Abschn.

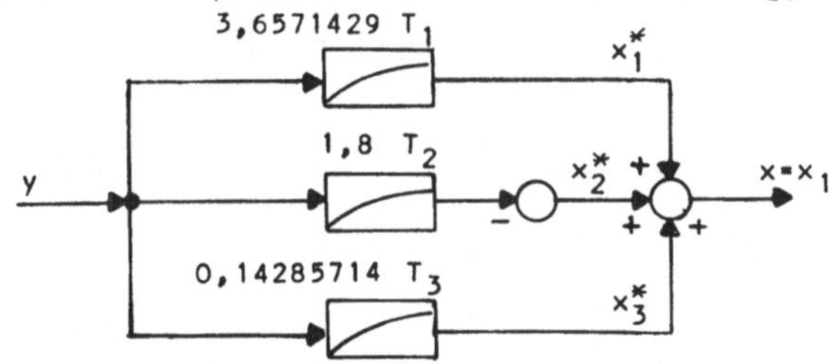

Bild 126 Wirkungsplan der Strecke von Aufgabe 57

8.6 wird $\qquad a_1 = 3{,}6571429/T_1 = 0{,}914286/sec$

$a_2 = -1{,}8/T_2 = -1{,}2/sec \qquad a_3 = 0{,}14285714/T_3 = 0{,}285714/sec$

$s_1 = -\dfrac{1}{T_1} = -0{,}25/sec \qquad s_2 = -\dfrac{1}{T_2} = -0{,}666667/sec$

$s_3 = -\dfrac{1}{T_3} = -2/sec$

Aus $[2]$, Gl (116) erhält man $A = \displaystyle\sum_{\nu=1}^{3} \dfrac{a_\nu}{s_\nu} = -2$

und nach Gl (117) wegen $W_o = 1$

$$y_3 = -\frac{1}{A} = 0{,}5$$

Das Gleichungssystem Gl (120) nimmt die Form an

$$-3{,}6571429 \cdot \left[y_o + (y_1 - y_o)e^{1/4} + (y_2 - y_1)e^{2/4} \right.$$
$$\left. + (y_3 - y_2)e^{3/4} \right] + X^*_{o1} = 0$$

$$1{,}8 \cdot \left[y_o + (y_1 - y_o)e^{2/3} + (y_2 - y_1)e^{4/3} \right.$$
$$\left. + (y_3 - y_2)e^{6/3} \right] + X^*_{o2} = 0$$

$$-0{,}14285714 \cdot \left[y_o + (y_1 - y_o)e^{2} + (y_2 - y_1)e^{4} \right.$$
$$\left. + (y_3 - y_2)e^{6} \right] + X^*_{o3} = 0$$

oder

$$y_o + y_1 e^{1/4} + y_2 e^{2/4} = \frac{0{,}273438 \cdot X^*_{o1} - y_3 e^{3/4}}{1 - e^{1/4}}$$

$$y_o + y_1 e^{2/3} + y_2 e^{4/3} = \frac{-0{,}555556 \cdot X^*_{o2} - y_3 e^{2}}{1 - e^{2/3}}$$

$$y_o + y_1 e^{2} + y_2 e^{4} = \frac{7 \cdot X^*_{o3} - y_3 e^{6}}{1 - e^{2}}$$

Dieses Gleichungssystem hat die Lösung

$$y_o = 5{,}37257 - 3{,}41943\, X^*_{o1} - 1{,}54000\, X^*_{o2} - 0{,}0824845\, X^*_{o3}$$

$$y_1 = -2{,}29706 + 2{,}21837\, X^*_{o1} + 1{,}40777\, X^*_{o3} + 0{,}106588\, X^*_{o3}$$

$$y_2 = 0{,}790730 - 0{,}237594\, X^*_{o1} - 0{,}162315\, X^*_{o3} - 0{,}0329814\, X^*_{o3}$$

Dabei interessiert als Stellgröße y nur der aktuelle Wert y_o. Statt der Anfangswerte X^*_{o1}, X^*_{o2}, X^*_{o3} sind die laufend veränderlichen Zustandsgrößen x_1^* , x_2^* , x_3^* einzusetzen. Damit erhält man als Gleichung für den Algorithmus

$$y = 5,37257 - 3,41943\, x_1^* - 1,54000\, x_2^* - 0,0824845\, x_3^*$$

Dir Größen x_1^* , x_2^* , x_3^* müssen durch die ursprünglichen Zustandsgrößen x_1 , x_2 , x_3 ersetzt werden. Nach dem Wirkungsplan von Bild 126 ist offensichtlich

$$x_1 = x_1^* + x_2^* + x_3^*$$

Ferner gibt es einen Zusammenhang zwischen x_3 und x_1^* , da sie Ausgangsgrößen zweier $P-T_1$-Glieder mit gleichen Zeitkonstanten und gleicher Eingangsgröße sind. x_3 und x_1^* sind daher proportional

$$x_3 = \frac{2}{3,6571429}\, x_1^* = 0,546875\, x_1^*$$

Die Zustandsgröße x_2 ist Ausgangsgröße eines Übertragungsgliedes mit der Eingangsgröße y und der Übertragungsfunktion

$$F_2(s) = \frac{K_S}{(1 + T_1 s)(1 + T_2 s)} = \frac{3,2}{1 + T_1 s} - \frac{1,2}{1 + T_2 s}$$

Ein Vergleich mit dem Wirkungsplan von Bild 126 ergibt, daß

$$x_2 = \frac{3,2}{3,6571429}\, x_1^* + \frac{1,2}{1,8}\, x_2^* = 0,875\, x_1^* + 0,666667\, x_2^*$$

sein muß. Somit ist ein Gleichungssystem für x_1 , x_2 , x_3 bekannt, das sich nach x_1^* , x_2^* , x_3^* auflösen läßt.

$$x_1^* = 1,82857\, x_3$$
$$x_2^* = 1,5\, x_2 - 1,3125\, x_1^* = 1,5\, x_2 - 2,4\, x_3$$
$$x_3^* = x_1 - x_1^* - x_2^* = x_1 - 1,5\, x_2 + 0,571429\, x_3$$

In die obige Gleichung für y eingesetzt erhält man als Algorithmus

$$y = 5,37257 - 0,0824845\, x_1 - 2,18627\, x_2 - 2,60381\, x_3$$

Die gesuchten Abtastwerte sind in der folgenden Tabelle zusammengestellt

	y	x_1	x_2	x_3
k = 0	5,37257	0	0	0
k = 1	-2,29706	0,304257	0,665864	2,37682
k = 2	0,790736	0,928620	1,06640	0,834851
k = 3	0,5	1	1	1

<u>Aufgabe 58</u>:   Wie im Beispiel 23 erhalten wir als z-Übertragungsfunktion der Strecke

$$F_{zS}(z) = \frac{0{,}0566315\,z^2 + 0{,}116213\,z + 0{,}0132861}{z^3 - 1{,}42755\,z^2 + 0{,}574732\,z - 0{,}0541138}$$

Zur Realisierung eines I-Anteils im Regelverstärker ist es nach [2], Abschn. 8.6.6 notwendig, den Grad der z-Übertragungsfunktion des Regelverstärkers gegenüber dem Ansatz vom Beispiel 23 um eins, also auf drei zu erhöhen. (Die Einstell-zeit vergrößert sich dadurch um eine Abtastperiode.) Die z-Übertragungsfunktion hat dann die Form

$$F_{zR}(z) = \frac{\overline{y}(z)}{x_d(z)} = \frac{D_o z^3 + D_1 z^2 + D_2 z + D_3}{z^3 - C_1 z^2 - C_2 z - C_3}$$

Durch Multiplizieren mit der z-Übertragungsfunktion $F_{zS}(z)$ der Regelstrecke erhält man die z-Kreisübertragungsfunktion $F_{zo}(z)$ mit dem Zähler

$0{,}0566315\,D_o z^5 + (0{,}0566315\,D_1 + 0{,}116213\,D_o)z^4 +$

$+ (0{,}0566315\,D_2 + 0{,}116213\,D_1 + 0{,}0132861\,D_o)z^3 +$

$+ (0{,}0566315\,D_3 + 0{,}116213\,D_2 + 0{,}0132861\,D_1)z^2 +$

$+ (0{,}116213\,D_3 + 0{,}0132861\,D_2)z + 0{,}0132861\,D_3$

und dem Nenner

$z^6 - (1{,}42755 + C_1)z^5 + (0{,}574732 + 1{,}42755\,C_1 - C_2)z^4 -$

$- (0{,}0541138 + 0{,}574732\,C_1 - 1{,}42755\,C_2 + C_3)z^3 +$

$+ (0{,}0541138\,C_1 - 0{,}574732\,C_2 + 1{,}42755\,C_3)z^2 +$

$+ (0{,}0541138\,C_2 - 0{,}574732\,C_3)z + 0{,}0541138\,C_3$

In gleicher Weise wie im Beispiel 23 muß die Summe von Zähler und Nenner eine reine z-Potenz, hier z^6 sein. Aus dieser Bedingung erhält man 6 Gleichungen für die 7 Un-bekannten C_1 , C_2 , C_3 , D_o , D_1 , D_2 und D_3 .

Ein I-Verhalten erreicht man durch einen Pol bei $z = 1$ (s. [2] , Abschn. 8.6.6). Aus der obigen Beziehung für die z-Übertragungsfunktion $F_{zR}(z)$ erhält man dann als siebte

Bestimmungsgleichung

$$1 - C_1 - C_2 - C_3 = 0$$

Die Lösung des nunmehr vollständigen Gleichungssystems ist
gegeben durch

$$C_1 = -0,338210 \qquad D_0 = 19,23565$$
$$C_2 = 1,19034 \qquad D_1 = -20,07749$$
$$C_3 = 0,147874 \qquad D_2 = 6,81669$$
$$ \qquad D_3 = -0,602283$$

Damit ist die Berechnung des gesuchten Regelalgorithmus ab-
geschlossen.

Für den Fall, daß die Führungsgröße w einen Einheitssprung

$$w(t) = 1 \cdot \mathcal{E}(t)$$

ausführt, errechnet man mit den **z-Übertragungsfunktionen**
von Strecke und Regelverstärker die Abtastwerte

	y	x
$k = 0$	19,2356	0
$k = 1$	-28,3017	1,08934
$k = 2$	18,2320	2,18776
$k = 3$	-4,68160	0,496099
$k = 4$	1,18244	0,987428
$k = 5$	0,467408	1,00800
$k = 6$	0,5	1

Damit ist das System eingeschwungen; die Größen y und x
bleiben konstant. Wegen des I-Anteils im Regelverstärker
gibt es keine bleibende Regelabweichung; die Regelgröße x
wird gleich der Führungsgröße w .

Anhang

Literatur

[1]   Vaske, P.: Übertragungsverhalten elektrischer Netzwerke.
        Stuttgart 1983

[2]   Ebel, T.: Regelungstechnik. Stuttgart 1991

Beide Bände sind als Teubner - Studienskripten erschienen.

**Angaben von Laplace-Korrespondenzen in diesem Buch beziehen
sich auf die in [1] und [2] enthaltene Korrespondenztabelle.**

Einheiten und Formelzeichen

Als Einheiten werden nur die gesetzlichen Einheiten nach dem
Gesetz über Einheiten im Meßwesen vom 2. 7. 1969 verwendet.
An dieser Stelle sei besonders auf die Einheit Kelvin (K,
nicht ^{o}K) für die Temperatur (absolute Temperatur und Tem-
peraturdifferenzen) hingewiesen.

Für veränderliche Größen werden im allgemeinen als Formelzeichen kleine, für konstante Größen große Buchstaben verwendet. Von dieser Regel müssen einige Ausnahmen gemacht
werden, um Verwechselungen zu vermeiden. Differenzen (meist
Abweichungen von der Ruhelage, vgl. hierzu [2], Abschn. 2)
werden durch das Zeichen Δ gekennzeichnet. Zeitfunktionen
und ihre Laplace-Transformierten werden durch Angabe der
unabhängigen Variablen (z.B. u(t) und u(s)) voneinander
unterschieden. Es ist unvermeidbar, daß einige Zeichen in
mehrfacher Bedeutung auftreten, doch wurde vermieden, daß
sie im gleichen Beispiel bzw. in der gleichen Aufgabe vor-
kommen.

Formelzeichen, die nur für ein Beispiel oder eine Aufgabe
Bedeutung haben, sind in der folgenden Aufstellung nicht
enthalten. Werden verschiedene Zeichen für Variable und Konstante verwendet, so ist jeweils nur das Zeichen für die
Variable aufgeführt.

Häufig verwendete Indices

Index	Bezeichnung für	Index	Bezeichnung für
a	Ausgang	P	Proportional-
a	außen	R	Regler, Regelverstärker
ab	abgeführt	R	Wirkwiderstand
C	Kapazität	S	Strecke
C	Feder	s	Scheitelwert
D	Differenzier-	w	Führungsgröße
D	Dämpfung	x	Regelgröße
e	Eingang	y	Stellgröße
I	Integrier-	y	Ausgangsgröße des nicht-linearen Gliedes
I	Innen		
k	Kettenschaltung	z	Störgröße
L	Induktivität	zu	zugeführt
L	Last	o	offener Regelkreis
M	Motor	o	Konstante, Grundwert
MF	Meßfühler		

$\sim$ Bezeichnung für normierte Übertragungsfunktionen und Übertragungsbeiwerte

$-$ Bezeichnung für Abtastfunktionen im Bildbereich

Formelzeichen

A	Fläche	C_M	Maschinenkonstante, Meßwerkkonstante
a	Ende des linearen Bereichs	D	Grenzschichtdicke
a	Hebellänge	d	Durchmesser
$a_o, a_1, a_2 \ldots$	Koeffizienten	e	$= 2,718281828\ldots$
B	Inverse Federkonstante	F_K	Kraft
B	Hydraulische Kapazität	f( )	Funktion von ( )
B	Pneumatische Kapazität	F(s)	Übertragungsfunktion
b	Auslenkung	$\underline{F} = F(j\omega)$	Komplexer Frequenzgang
C	Kapazität		
C	Federkonstante	$F = |F(j\omega)|$	Amplitudengang
C	Wärmekapazität	$F_z(z)$	z-Übertragungsfunktion
c	spezifische Wärme-kapazität	g	$= 9,806 \text{ m/sec}^2$ Erdbeschleunigung

Symbol	Bedeutung	Symbol	Bedeutung
h	Höhe	u	Spannung
$h(t)$	Übergangsfunktion	u_q	Quellenspannung
i	Strom	V	Volumen
J	Trägheitsmoment	$\dot{V}$	Volumenstrom
$J = \sqrt{-1}$	imaginäre Einheit	w	Führungsgröße
K	Übertragungsbeiwert	X_s	Amplitude (bei der Be-
K_M	Maßstabsfaktor		schreibungsfunktion)
L	Induktivität	x	Regelgröße
L, L	Länge, Hebellänge	x_d	Regeldifferenz
M	Moment, Drehmoment	x_w	Regelabweichung
M_B	Beschleunigungsmoment	x_a	Ausgangsgröße
M_D	Dämpfungsmoment	x_e	Eingangsgröße
M_i	Inneres Moment	$x_1 \ldots x_n$	Zustandsgrößen
M_R	Reibungsmoment	y	Stellgröße
m	Masse	y	Ausgangsgröße des nicht-
$\dot{m}$	Massenstrom		linearen Gliedes
n	Umdrehungsfrequenz	Y_h	Stellbereich
	(Drehzahl)	z	Störgröße
$N(X_s)$	Beschreibungsfunktion	z	komplexe Variable im
p	Druck		Bildbereich
Q	Wärmemenge	δ	Phasenreserve
R	Wirkwiderstand	$\delta(t)$	Diracfunktion
R	Wärmewiderstand	ε	Hysterese
R	Dämpfungswiderstand	ε	Schaltdifferenz des
R	Hydraul. Widerstand		Zweipunktgliedes
R	Pneumat. Widerstand	E	Betragsreserve
R_L	Gaskonstante der Luft	$\varepsilon(t)$	Einheitssprungfunktion
r	Regelfaktor	ϑ	Dämpfungsgrad
$r(t)$	Anstiegsfunktion	ϑ	Temperatur (Celsius)
s	komplexe Kreisfrequenz	λ	Wärmeleitfähigkeit
T	Thermodynamische (ab-	π	$= 3{,}141592654$
	solute) Temperatur	σ	Realteil der komplexen
t	Zeit		Kreisfrequenz
T	Zeitkonstante	τ	Abtastperiode
T_n	Nachstellzeit	ω	Imaginärteil der kom-
T_v	Vorhaltzeit		plexen Kreisfrequenz

ω	Kreisfrequenz	ϕ	magnetischer Fluß
ω	Winkelgeschwindigkeit	$\dot{\phi}$	Wärmestrom
ω_o	Kennkreisfrequenz	φ	Phasenwinkel
ω_d	Eigenkreisfrequenz	φ	Ausschlagwinkel
ω_E	Eckkreisfrequenz	φ	Verdrehungswinkel

Sachweiser

TEUBNER STUDIENSKRIPTEN (TSS) UND LEHRBÜCHER FÜR INGENIEURE

- Eine Auswahl zur Automatisierungstechnik -

Bolch/Vollath, Prozeßautomatisierung	Kart.	DM 39,--
Brouër, Regelungstechnik für Maschinenbauer	Kart.ca.DM 28,--	
Börner/Trommer, Lichtwellenleiter	(TSS)	DM 21,80
Dörrscheidt/Latzel, Grundlagen der Regelungstechnik	Geb.	DM 58,--
Ebel, Regelungstechnik 6., überarbeitete Auflage.	(TSS)	DM 21,80
Ebel, Beispiele und Aufgaben zur Reglungstechnik 4., überarbeitete Auflage.	(TSS)	DM 17,80
Eichele, Multiprozessorsysteme	Kart.	DM 42,--
Götz, Einführung in die digitale Signalverarbeitung	(TSS)	DM 29,80
Haug, Pneumatische Steuerungstechnik 2., überarbeitete und erweiterte Auflage.	(TSS)	DM 26,80
Leonhard, Regelung in der elektrischen Antriebstechnik	(TSB)	DM 32,--
Leonhard, Regelung in der elektrischen Energieversorgung	(TSB)	DM 32,--
Leonhard, Digitale Signalverarbeitung in der Meß- und Regelungstechnik 2., durchgesehene Auflage.	(TSB)	DM 42,--
Leonhard, Statistische Analyse linearer Regelsysteme	(TSB)	DM 32,--
Rübel, 16/32 bit-Mikroprozessorsysteme	Kart.	DM 56,--
Schaufelberger/Sprecher/Wegmann, Echtzeit-Programmierung bei Automatisierungssystemen	(TSB)	DM 29,80
Scholze, Einführung in die Mikrocomputertechnik 3., überarbeitete Auflage.	(TSS)	DM 24,80
Vaske, Übertragungsverhalten elektrischer Netzwerke 4., durchgesehene Auflage.	(TSS)	DM 17,80

TSS: Teubner Studienskripten (12,7 x 18,8 cm)
TSB: Teubner Studienbücher (13,7 x 20,5 cm)

(Preisänderungen vorbehalten)